林業政策

生態／復育／永續

林業實務專業叢書

目 錄　CONTENT

第一單元　林業政策原理

CHAPTER 1 ｜ 緒論

CHAPTER 2 ｜ 公共政策與森林資源權利類型

CHAPTER 3 ｜ 森林資源政策形成過程

CHAPTER 9 │ 文化資產保存法案例解說

CHAPTER 10 │ 其他與自然資源有關之重要法規

第三單元　林業行政管理

CHAPTER 11 │ 林業行政管理之效率與效能

CHAPTER 12 │ 林業行政管理組織

圖目錄　LIST OF FIGURES

表 目 錄　LIST OF TABLES

1

第一單元
林業政策原理

單元說明

一、本單元分為五章，分別為第一章緒論、第二章公共政策與森林資源權利
　　類型、第三章森林資源政策形成過程、第四章臺灣森林資源政策之實施
　　及第五章世界森林政策。

二、本單元重在引導讀者能對林業政策的理論架構、臺灣與世界其他國家的
　　林業政策現況等背景脈絡有一定的瞭解。第一章闡釋林業政策的問題、
　　定義及範疇；第二章則講述公共政策的原理以及臺灣森林資源權利的歷
　　史背景；第三章是說明森林資源政策的形成，包括議題及公眾參與、傳
　　播媒體及政策過程；第四章交代臺灣過去與現在重要森林政策與執行工
　　具；第五章則敘述世界上其他國家值得參考之森林政策。

1.1　森林、林業與林政問題

森林是重要且遍布全球的植生，雖然全世界對森林的稱呼不同：英文 forest、德文 *wald*、法文 *forêt*、芬蘭文 *metsä*、義大利文 *foresta*、西班牙 *floresta*、泰文 *ป่า*、印尼文 *forest*、越南文 *Rừng*，但每一天每個人都使用著森林的產品與服務。英文 forest 是由拉丁文 (*foris*) 轉變為舊法文 (*forestis, sylva*) 再變成英文而來，意指位於外圍之處 (outside) 受皇家保護，有廣闊樹木覆蓋的區域；在中國古書多稱為山林 (焦國模，2004)，是以樹木為優勢的動植物群叢 (van Maaren, 1984)，包括其物理環境及其中各種棲息生物。森林係指林地及其群生竹、木之總稱 (李順卿，1960)，也是目前我國森林法第 3 條所採用之定義，主要是在法律上強調林地與其上著生群生之竹、木權利，在法律上可構成多樣化之森林財產權制度 (forest tenure)。FAO(Food and Agriculture Organization of the United Nations，聯合國糧食及農業組織)2012 年對森林之認定標準為：在非供農業及都市使用之土地，面積超過 0.5 ha，具有樹高大於 5 m、樹冠覆蓋率大於 10% 的土地區域。

人類與森林關係密切，對全世界的人們來說，其可以提供多樣性的生態性服務 (如圖 1-1)，是相當重要的資源。森林資源的特性就是可再生、生長周期長以及具有經濟與環境雙重產出。以其最常被認識的木材產品來說，很少人在日常生活中不使用木材產品，包括基本生活熱量或能源的薪材、可食用的竹筍、住宅的建築材料或家具、工具、樂器、玩具、紙張及各種包材等。除了木材產品外，造林及保育森林被視為是緩和全球氣候變遷的最好方法，可以減輕在颱風及暴風侵襲時，土石流、土壤表層沖蝕與崩塌的衝擊。森林內更可以提供各種野生動植物棲息與保護的場所，保持生態的功能與多樣性；它是水庫集水區上游最好的大型海綿緩衝與過濾器，可以延緩洪峰、確保用水品質及延長水庫使用壽命；可以提供果實、菇蕈、蜂蜜、橡膠、精油、傳統藥材及狩獵，滿足各地人們生活上的不同需要；上天所孕育的森林景觀與環境，給我們體驗靜謐、自然、恢復、啟發心靈、自然及文化傳統教育的機會；樹木也可以綠化點綴都市生活空間，對減少噪音、空氣污染與熱島效應有顯著的效果。

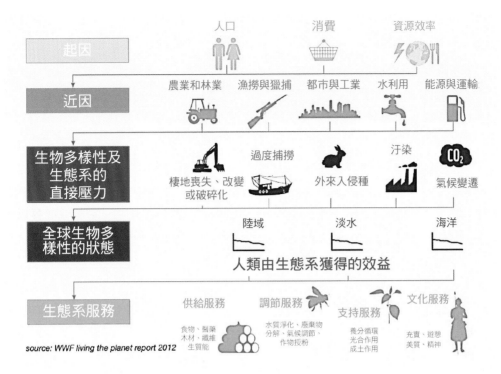

起因
人口　消費　資源效率

近因
農業和林業　漁撈與獵捕　都市與工業　水利用　能源與運輸

生物多樣性及生態系的直接壓力
棲地喪失、改變或破碎化　過度捕撈　外來入侵種　汙染　氣候變遷

全球生物多樣性的狀態
陸域　淡水　海洋

人類由生態系獲得的效益

生態系服務
供給服務　調節服務　支持服務　文化服務
食物、醫藥木材、纖維生質能　水質淨化、廢棄物分解、氣候調節、作物授粉　養分循環光合作用成土作用　充實、遊憩美質、精神

source: WWF living the planet report 2012

▲ 圖 1-1　人類社會與生態系服務之關聯 (WWF, 2012；羅凱安譯)

森林有形產品之利用與無形服務的提供，不僅受地區氣候、生態環境、本身種類與型態、資源稟賦 (endowment) 等自然因子所影響，反過來也會受到人口、社會經濟、消費、產權、經營管理、其他產業、資源利用效率以及社會文化的影響而各有差異。由以下幾個實例可加以瞭解：

一、森林財產權設定對森林利用是很重要的議題 (Larson, 2012)，有些地區的森林有比較高的木材商業價值，雖然其上或鄰近可能早有社區居民居住，社區居民傳統上也將森林視為他們的領域的一部分，但在過去被殖民的時代，森林常被當時政權公告為國有 (state land)，政府擁有廣大的國有林的目的，是為了確保重要的收入來源，而間接的可以作為就業刺激及外滙賺款的功

效。為了實現這些目標，最常運用的措施，就是將這些森林以特許承租權利 (concession) 給予商業公司 (Fraser, 2002)。由於當地社區傳統森林使用權利被限制，對森林管理事務也失去興趣與關心，造成這些國有林的經營與當地社區缺乏連結，社區居民與政府在森林利用認知上常有衝突 (羅凱安，2006)。

二、世界上森林所有權歸屬私有比例較高的國家，其林業發展水準通常比較高，主要因講求效率與彈性，如美國 (56%)、日本 (58%)、德國 (48%)、芬蘭 (69%)、瑞典 (81%) 等。從整個社會來看，這些私有林或社區林的經營，受林主的經營決策左右有絕對性的影響，而這些林主的目標、動機非常多元，

不只是木材生產及所得，尚有打獵、景觀、美質及環境價值，分別隸屬一、二、三級產業。由於不見得每個林主都有經營森林的專業與經驗，因此某些國家或地區會順利形成自治性的合作 (cooperative) 或是專業協會組織 (association)，提供林主彼此間溝通的機會與專業的服務，因為林主人數眾多，政府也會提供這些組織政策性的引導與輔導；反之，有些國家和地區的私有林則是被忽略，政府在林業政策的推動，自然難以藉由上述組織順利進行 (羅凱安，2012)。

三、目前林產品的供給與需求，雖有很大的地區變異性，但由全球化貿易觀之，主要受到國際林產品價格引導。根據比較利益 (comparative advantage) 原則，在沒有貿易障礙情形下，林產品由具有較低機會成本的國家或地區來生產，由於開發中國家忽略了木材生產的環境成本，以低價木材提供較工業化國家或地區所需，造成這些開發中國家為賺取外匯，過度伐採其天然林，引發熱帶雨林破壞、全球環境變遷的問題。而這些將低價木材消費習以為常的木材進口國，本身若不能提供政策的引導，規劃確保永續木材供給的來源，也終將面臨林產品需求短缺及國際輿論的批評。

四、1970 年開始，大眾開始關心林業跨國性 (transboundary) 的議題，廣泛關注熱帶雨林消失、全球氣候變遷，以及森林可以減緩這些問題的角色。

地方社區與大企業間對森林利用的衝突，以及許多國家開始發展協助計畫，都變成重要的跨國政治議題。許多開發中國家的農民，其生計受到洪水及土壤沖蝕所影響，且經常受到不當森林經營而加速惡化。然而貧窮農民想去克服乾旱和洪水，氣候變遷對他們而言並非最主要的議題，因為很難期待他們可以察覺國家或跨國尺度廣泛的社會、經濟和環境考量，且沒有一位農民知道主要衝擊的結果會多大，在哪裏。於是乎才有碳排放權交易 (carbon emissions trading) 的政策制度設計，作為解決跨國環境議題的方法。此後森林政策決定者不再只關心嚴格的技術議題，更必要注意政治敏感性，特別是有關於自己所屬國家的公眾意見之外，也增加跨國際的公眾意見 (Fraser, 2002)。

五、森林因面積廣闊不易監控管理，許多產品具有特殊的景緻、嗜好需求或內含醫藥功效，特別容易受到覬覦，產生被盜採、盜挖或盜伐的犯罪風險 (如圖 1-2)。許多國家為了保護這些特殊的森林資源，除了提高罰鍰額度與加重刑罰量刑，甚至禁止該林產品之販售。然而以法律或行政命令禁止這些產品的交易，若沒有經濟與市場需求的考量，反而可能因法規限制供給，造成黑市奇貨可居，以更高的價格和利潤訊號，吸引更多盜竊行為的發生 (羅凱安，2011)。

▲ 圖1-2　臺灣國有林區內牛樟遭盜採情形

六、造林投資可以在日後林木收成時獲利，又對環境及保育上有許多外部效益（external benefits），能被許多不特定的民眾所共享。因此，某些國家為鼓勵私有林主在山坡地上造林，藉由每年發給造林獎勵金來分攤林主之造林成本，政府與林主約定在一定年限林木伐採收穫後終止獎勵，藉以提高私有林主造林意願，也兼顧到環境及保育上之效益，並視為一種綠色補貼（green subsidy）。推行之後卻吸引不少原本已成林之林主參加此計畫，將原有林木伐採後重新申請補助造林，此舉造成某些團體開始批評此計畫會鼓勵「砍大樹、種小樹」而受到廣泛的討論。然可預知的是，到補助造林約定的年限時，政府將面臨終止或

繼續補助的決定；若終止補助，既有成林林木會再次面臨伐採的問題（鍾玉龍、羅凱安，2011）。究其癥結，到底是造林補助的政策不好？還是這些團體不能瞭解林業經營的專業，需要溝通？或是我們需要一個新的造林思維與方法？

七、一個國家或地區的發展不能只依靠林業，森林在某些地方會轉用成其他需求，林業政策與其他政策有競爭也有合作。例如其他政策除了會影響森林產品及服務的需求，也會影響農業、居住或其他需求；建築政策和出口政策影響木材需求；保育和觀光政策影響生物多樣性的需求；農民會由食物價格及農業的投入政策收到信號，進而

伐除森林，改植農作；某些國家或地區為了提升木材供給，林業政策曾鼓勵大量的桉樹新植造林 (afforestation)，對當地而言，森林產品及服務提供是件好事，但是對於想要多樣化鄉村經濟，以及富變化的鄉村景觀的人來說卻不樂見；原木出口禁令可以支持當地森林產業，但是卻增長了當地林產品加工處理的無效率，意味著森林利用率變差 (Mayers and Bass, 2004)。

上述七個林業實例可以看出目前推動林業政策的問題與困難，想要對林業政策的規劃、執行與評估有一定程度的瞭解，我們可以先由到底「林業」是什麼談起。林業 (forestry) 是一個專業，是指造林、經營與保育森林的科學與實務。

van Maaren (1984) 認為，林業是為人類利益，而在林地或其他土地上進行經營或利用自然資源的工作。林業會吸引個人投入，主要因為過去森林被視為荒野或叢林，林業可以提供野外工作機會，遠離擁擠和吵雜。全世界過去 50 年驚人的經濟成長，現代重機具可以使伐木者進入過去難以接近的荒野森林，造成了許多大面積森林的退縮。因此，林業過去常被視為單純伐木與造林 (Fraser, 2002)；事實上，林業應包括森林管理與保育的各種科學性應用 (王培蓉，2015)。綜合言之，林業乃是管理 (保護、利用、復育、配置) 森林，為人類謀求福利之一種長期性生產技術、科學或事業。

1.2　林業政策的重要性

雖然森林可以提供上述多重的效益，由前述的幾個林政問題實例可知，林業是為了人類的福祉所進行的森林管理，但是可能因為土地歷史淵源、產業與經濟發展、行政組織管理、貿易與跨國協議、社會與產業思潮改變、法規制定與執行，以及其他國家政策競合的問題，造成森林的管理可能無法公平合理地提供有形產品與無形的服務，這些問題其實可以透過健全的林業政策，提供方針來引導解決。圖 1-3 中說明了森林、林業與林政三者間之關係；「林政」受政策、思想因子影響，引導「林業」經營方向；「林業」受技術、經濟及社會因子影響而決定經營決策，與自然因子作用而影響到「森林」的構成與功能的發揮。

Mayers 與 Bass 於 2004 年指出，人們對政策的一般想法是：

❶ 政策只是空想吹牛而無行動。

❷ 政策只是一種障眼法，用來掩飾真正做或不做的事。

❸ 政策只是一些願望的表列，沒有錢或能力去執行它。

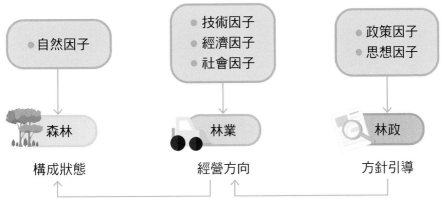

▲ 圖 1-3　森林、林業與林政三者之關係（修改自塩谷 勉，1978；焦國模，2004）

❹ 政策總是被有權力利益及大的國際力量推翻。

❺ 政策一點不重要，重要的是人們真正在森林做的事

❻ 政策不可能真正賦權（empower）給當地人，因為它是政府所制定。

❼ 政策不能針對不同情況作微調。

❽ 政策是政治上的事，但政客不聽，只有研究者知道政策的運作無法改變什麼事。

但事實上政策要思考的是，對整個社會來說，什麼是最好的長期利益？不應僅針對特定的產業或部門團體，而是要回應大眾最佳的利益，決策者需要去處理每位權益關係人（stakeholder）的問題。但即使人們之間有良好資訊與溝通，由於世界的經濟、社會、人口組成及氣候一直在改變，他們的優先順序與偏好也會隨著時空轉變（Byron, 2006）。許多歐美國家自 1960 年起（臺灣則是從 2000 年起），林業部門常遭到大眾的批評，主

要都是未能傳遞大眾所想要的資訊與需求，加上森林決策者自先進林業國家所學的理論與模式，也不見得適合套用於每個地方，因此對新的、不同的森林需求回應緩慢，而與大眾期待有所落差。

由於現代影片及照像科技可以將荒野與大自然帶入人們的生活，提升了大眾對森林破壞對野生動植物和環境潛在衝擊的察覺，世界各處某些型態的森林管理方式，多數的人們都可視自己是某種程度的權益關係人，想知道這些資源的利用（成本管理及努力）與效益（或森林產品與服務）是否如自己所願。這樣關注資源的結果雖好，但也使得林業變得更政治化，而不再是專業森林經營者可獨自完成（楊宏志，2015a）。尤其是在所有權屬公有的森林經營上，這些公有森林的命運視政府官員們的各種決策而定，而他們是否有政策的方針指導，可以不偏倚地決定什麼對公共利益最好？例如要決定什麼是對公共利益最好，什

▲ 圖 1-4　屏東縣來義鄉之林主參與原住民公共造產森林經營諮商

麼則需要在技術、經濟和政治可行中被調和，此需要諮詢大眾，讓他們在決策的過程中參與 (Fraser, 2002)(如圖 1-4)。所以森林經營者不能僅在專業領域去關注少數權益關係人的需要 (楊宏志，2015b)，民主化的社會，要求更多在政策上參與 (participation) 的機會與賦權 (empowerment)。林業必須採納現代化技術和分析的專業來回應改善及執行，吸引有更寬廣專業背景的人們，如社會科學、經濟、資訊科技及管理、工程、景觀、旅遊及許多其他科學的關注。一般來說，可由二方面來思考政策的權益關係人 (Byron, 2006)：

❶ 空間上：誰的利益重要？只有住在或靠近森林的人們嗎？同一個流域內的居民嗎？都市的人呢？甚至是居住在外州外國的人呢？

❷ 部門或不同行業上：相關的利益團體可能包含木材工業、農民、都市環境保育者、森林行政管理者。

除了廣泛參與，民主社會應能將各種不同的利益整合或取捨，即是要達成不同權益關係人可接受競爭需求之間的平衡。這將牽涉每個群體不同程度的妥協，進而瞭解這些群體需要選擇什麼，以及政策方案選擇在成本效益方面資訊所代表的意義。因此，為達到妥協，需要通知討論以及讓權益關係人有參與的機會，不僅社會中部分少數有權力 (power) 的人能參與，也要包括沈默的多數。國家有了健全林業政策參與程序，可以提供規範與約束 (例如確保森林該保育、開發或是收穫的平衡)。如果沒有政策的約束，具有權力或是最會吵鬧的團體，會為其私人利益而逐漸損害全部公眾的利益，

或是犧牲處於不利地位團體的需要。

此外，國家林業政策的成效，絕非僅依靠該部門的支持，而是整個政府與社會的支持，例如水資源、交通政策、觀光政策等。而政府部門間之競合過程，需要有清楚的林業政策發展藍圖，作為部門間溝通協調之基礎。因此，林業部門若能有國家政策在整體目標的支持、林業部門強烈的政治意志 (political will)、

清楚易懂的公眾政策陳述、合理的政策形成過程規範、公平公開的權益關係人參與、建立法律權利與責任，以及一套有效達成政策目標的資源與工具 (instruments)，自然可以作為合理的森林經營管理制度之指引，確保控制森林效益有效率及公平永續地提供人類發展及生活品質之提升。

1.3 林業政策的意義

「政」是政治、規範；「策」是謀劃、策略。政策即是一組渴望達成的目標 (goals, objectives)，及一組達成這些目標的行動方針（策略、方案、替代方案）的描述。一位行為者或一群行為者為處理一個問題，所採取有目的性的作為或不作為的做法 (Cubbage, 1993)。Ellefson (1992) 認為政策是對多數人們有重要結果，以及對顯著數量及範圍的資源，所提出一個受大家普遍認同及有目的性的行動方針 (direction)。而政策通常是含糊的，主要是為了容納不同群體的價值、不易直接觀察出受益與受損失者、以及技術上的本質，留下執行的彈性空間。

林業政策 (forestry policy) 或是森林政策 (forest policy) 都是公共政策之一環，是從一個社會的經濟、社會和法律政策層面探討森林的使用和管理，是描述政府

和其他權益關係人對於森林或樹木使用，所互相協商取捨結果 (trade off) 的共同的願景或目標。實務上，不同國家或地區因地制宜，有各種森林政策的描述方式，有的是廣泛地陳述一個國家森林資源經營管理的一般性目標；有的則是把每一個特定目標下所對應的每一個行動方針都描述的相當詳細；某些則是沒有正式政策陳述，是用政策議題以臨時的方式處理，將某些政策重要內容納入法規或是其所在部會的宣示當中 (Fraser, 2002)。

由社會整體而言，林業政策即主要研究如何使用森林資源，達成社會期望目的之原則 (Worrell, 1970)。Cubbage(1993) 也認為森林政策是個人或團體為處理一個有關於森林資源使用問題，所採取有目的性的作為或不作為的行動。規範誰

可以由森林使用獲利，誰要負擔森林經營和使用的成本。但若從個體的角度來說，林業政策是政府、機構、團體（木材工業、社區）或個人（林主）根據給定的條件，從替代方案中，引導或作為未來決策的一種明確的行動做法或方法（van Maaren, 1984）。綜合上述，森林政策可以定義為：一個國家、團體或個人為將有限森林資源提供人類最適當（公平與效率）之服務，在森林經營管理願景、目標或所採行方法與原則之描述。

1.4 林業政策的範疇

隨時空改變，各國背景不同，林業政策學習內容也會有所差異。焦國模（2005）認為「林政」涵蓋了「林業政策」與「林業行政」，林業政策是說明林業經營原則，串聯技術性學問，作為決策；而林業行政可研究執行管理技術（計劃、組織、領導、控制）及配合法規來推動。因此，林政學（forest policy and administration）實為貫穿林業技術、經濟原則、法律規範、行政措施之間，揉合技術與行政於一體之學。中國林政學者則多數認為「林政」除了「林業政策」與「林業行政管理」，尚應當包括作為準繩、規範及國家強制力之「林業法規」（柯水發，2013），此三個部分也是目前林政教學、國家考試及實務操作上所涵蓋的範圍。

事實上，森林政策是一門森林科學，從政策研究、社會學、經濟學和人文科學方面對森林進行研究。且無論由國家森林政策、資源管理政策、財政政策、保育政策、能源政策、土地使用政策以及分配政策，都必須有機制達成最好全部的平衡。牽涉面向，無論是層級的（地方的、地區的、國家的、國際的）和水平的（生產、土壤和水保育、野生動植物保育、遊憩和觀光、以及其他環境考量）二大面向，將人類社會與森林之間作密切地更好的聯結（如圖1-5）。

若再深入分析林業政策運作的範疇，除了人類社會與森林主客體之外，尚包含政治決策、法律規範、科學技術、管理者等四個部分（如圖1-6），也是本書後續章節欲逐一與讀者說明討論之內容。

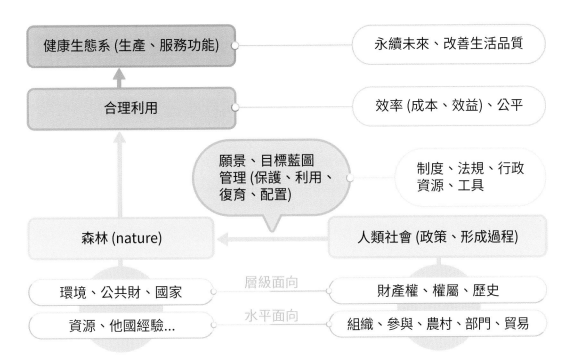

▲ 圖 1-5　森林政策之意義與牽涉面向

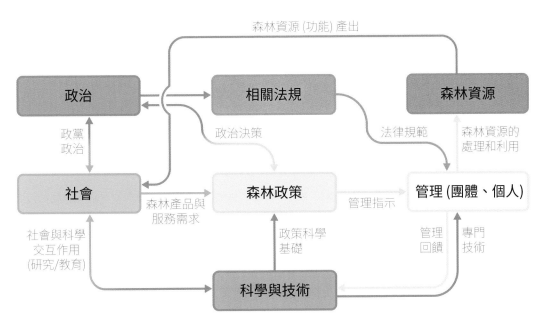

▲ 圖 1-6　林業政策的範疇與運作關連 (Coulon, 1977)

1.5 練習題

① 說明森林生態系服務的類別並舉出相關種類，並以其中一種森林生態系服務為例，分析其背後受到哪些因素的影響。

② 舉例說明目前有哪一項林業政策，會影響到森林有形產品或無形服務的提供，也會進而影響到你的生活。

③ 何謂「森林」、「林業」、「林業政策」？闡釋三者間之關係。

④ 論述林業政策的重要性，並討論近年來的發展趨勢。

⑤ 林業政策的最終目標為何？舉例說明達成林業政策目標的可能方法。

⑥ 想想看，有哪些因素會影響林業政策之執行成果與成效？

⑦ 闡述林業政策的範疇。

延伸閱讀 / 參考書目

🌲 王培蓉 (2015) 利用乎？保育乎？科學林業的興起與轉向。林業研究專訊 22(5): 13-22。

🌲 李順卿 (1960) 林政學。臺北，正中書局，1-12 頁。

🌲 柯水發 (主編) (2013) 林业政策学。北京，中国林业出版社，532 页。

🌲 焦國模 (2005) 林業政策與林業行政。臺北，洪業文化，471 頁。

🌲 楊宏志 (2015a) 森林與社會：搭座溝通的橋。臺灣林業 41(5): 3-12。

🌲 楊宏志 (2015b) 利害關係人經營：以臺東縣海端鄉嘉明湖登山協作合作社為例。臺灣林業 41(6): 52-62。

🌲 鍾玉龍、羅凱安 (2011) 森林限制採伐區劃設與補償措施實施計畫。行政院農業委員會林務局委託研究計畫系列 101-00-5-23，143 頁。

🌲 羅凱安 (2006) 社區林業計畫成效評估之研究。行政院農委會林務局主管科技計畫 (95 農科 -12.2.4- 務 -e1(2)) 結案報告。54 頁。

🌲 羅凱安 (2011) 社區居民參與國有林巡護管理之研究 (三)。行政院農委會林務局主管科技計畫 (100 農科 -8.4.3- 務 -e1(3)) 結案報告。88 頁。

🌲 羅凱安 (2012) 私有林永續木材生產策略與可行性評估 (2/2)。行政院農業委員會林務局委託研究計畫系列 101-00-5-23，178 頁。

🌲 塩谷勉 (1978) 林政学。東京 : 地球社 (改訂版)，370 頁。

🌲 Coulon, M. de (1977) Politique forestiers et gestion des Forests. In: Journal Forestier Suisse.

🌲 Cubbage, F. W. (1993) Forest Resource Policy. John Wiley & Sons, Inc., 562pp.

🌲 Byron, N. (2006) Challenges in defining, implementing and renewing forest policies. Unasylva 223(57): 10-15.

🌲 Ellefson, P. V. (1992) Forest Resource Policy and Administration : a teaching challenge in university professional forestry schools.   University of Minnesota. 23pp. Retrieved from the University of Minnesota Digital Conservancy, http://hdl.handle.net/11299/36688.

🌲 FAO (2012) FRA 2015 Terms and Definitions. Forest Resources Assessment Working Paper 180. 31pp.

🌲 Fraser, A. (2002) Making Forest Policy Work. Kluwer Academic Publishers. 280pp.

🌲 Larson, A. M. (2012) Tenure Rights and Access to Forests: A training manual for research. CIFOR, Bogor, Indonesia, 67pp.

🌲 Mayers, J., and S. Bass (2004) Policy that Works for Forests and People: real prospects for governance and livelihoods. Earthscan, UK, 324pp.

🌲 Worrell, A. C. (1970) Principles of Forest Policy. McGraw-Hill Inc., 288pp.

🌲 WWF (2012) Living Planet Report 2012- Biodiversity, biocapacity and better choices. 160pp.

公共政策與森林資源權利類型

撰寫人：王鴻濬　審查人：羅凱安

2.1 公共政策與林業政策

學者對公共政策 (public policy) 下了許多的定義。吳定 (2006) 在其編著的「公共政策辭典」對「公共政策」的定義如下：「公共政策指政府機關為解決某項公共問題，或滿足公共需求，決定作為或不作為，以及如何作為的相關活動。」筆者另外擷取一些簡單易懂的定義如下，例如：「公共政策」就是政府要做與不做的作為，以及「公共政策」就是政府為達成目的，而採取的行動方案 (羅清俊，2015)。簡言之，公共政策實具有公共性，以及公共政策由政府機關施政的兩項重要特質。

除了公共政策定義，可以做為一項公共政策，亦需要具備五個主要的特徵。第一，公共政策皆具有目的性；亦即公共政策必須提出明確的政府政策發展方向。第二，具備時間與決策的連續性；亦即公共政策不是單一時間，單一事件，必須有時間的縱向與它項政府政策決策的共同支持。第三，公共政策為具有決策權的個人或集體所提出。第四，公共政策為解決國家社會問題或預防潛在性問題。第五，公共政策必須反應當代的社會選擇，而由政府機關來執行 (Cubbage et. al., 1993)。

國家社會在發展的階段中，為何會形成特定的公共政策？它的政策過程為何？常為實務觀察者或研究者所關心。公共政策理性分析途徑 (the rationalist approach) 提出了 5 個發展階段的觀察，據以做為實務操作或研究的各項主題。

公共政策的理性途徑分別是 (一) 政策問題的認定與解決方案的規劃：必須有社會議題，接著，確定其議題可以成為公共政策，並開始進行有關方案的研擬規劃。(二) 決策：透過政府機關的決策程序，形成政府部門執行的政策方案。(三) 政策合法化：為保持時間與決策的連續性，以及多面向決策的共同支持，公共政策需要完成合法化的程序。例如：立法支持政策，或完成立法部門之審查程序。(四) 政策執行：公共政策需要政府機關，以及政府機關協同民間部門來共同推動執行，解決存在的社會問題，或預防潛在社會問題的發生。(五) 政策評估：為了確定公共政策是否達成當時所設定的解決問題的目標，需要做政策的評估，經過評估後，進行修正或停止公共政策的執行 (羅清俊，2015)。

我們經常使用理性分析途徑，瞭解各類

型公共政策，瞭解當時政策形成與政策變遷的過程。例如：以公共政策理性分析途徑，瞭解臺灣「能源政策」的變遷過程為例。我們可以瞭解政府在某一階段的社會發展背景下，在哪一個特別的時間，在哪一個重要的決策點，形成能源政策。政策形成後接續通過哪些相關的重要法案，編列支持性的政策方案與預算，由政府相關機關執行，並逐漸的改變能源使用結構，調整臺灣能源的使用配比，成為新的能源政策。

林業政策 (forest policy) 為公共政策之一種，是針對森林資源的公共議題，政府所採取的作為。如同其它相關的政府政策，例如：土地政策、海洋政策、能源政策、環境政策等，林業政策亦為我國重要的公共政策。根據焦國模引述李順卿的定義，指出：「林業政策以國家為本位，以國民福利為前提，配合國家之地域環境及經濟政策，確立一個固定目標，使森林之生產利用，在科學原理及方法下，使時間及空間之協調，達成永續更新之境地，於一定限度伐採量下，使能取之不盡，用之不竭。質言之，亦即確立一最高原則，俾能按時代背景完成森林對國家貢獻之使命。」（焦國模，2004）。李氏對我國「林業政策」的定義，以森林資源的永續利用為其核心思想，使用科學方法協助決策，達成森林使用之富國裕民為最高原則。

依據時代背景，臺灣對於森林資源的利用，自有階段性的發展重點，因此，林業政策是一種公共政策，也符合公共政策的 5 個特徵；具有目的性、具有時間與決策連續性、由權責機關或個人所提出、需解決國家社會問題，以及由行政機關來執行等特徵。

為說明林業政策具有公共政策之內涵，筆者以光復後，臺灣林業的三個重要林業政策：民國 47 年 (1958) 之「臺灣林業政策及經營方針」、民國 65 年 (1976) 之「臺灣林業經營改革方案」，以及民國 86 年 (1997) 第三次修訂版之「臺灣森林經營管理方案」，來進一步加以說明林業政策之公共政策特性。

2.1.1 臺灣林業政策及經營方針

臺灣光復後，最早提出的重要林業政策為：「臺灣林業政策及經營方針」。此政策係由臺灣省政府提出，於民國 47 年 (1958) 獲得行政院同意並備查。依據焦國模 (2004) 對「臺灣林業政策及經營方針」的分析，認為此政策：「乃一保安效用及經濟效用並重之方案，雖應重視保安國土，但亦須兼顧財務收入，故各年伐採林木材積在 150 萬至 200 萬立方公尺之間，有且超逾 200 萬立方公尺」。

二次大戰後，臺灣經濟的發展全面依賴農、林業的生產，以換取外匯購買原料設備，來支持工業的發展。因此，臺灣森林資源逐漸的耗損減少，自當可理解。但自民國 53 年 (1964) 起，每年需伐採

森林面積超過 1 萬公頃，而自民國 47 年 (1958) 後，雖然仍在臺灣林業政策及經營方針允許的伐採範圍內，每年伐木材積都超過 100 萬立方公尺 (陳國棟，1995)，加之以當時臺灣省林產管理局的政策為「多伐木，多造林，多繳庫。」(焦國模，1998)，促使臺灣森林資源快速的大量減少。大規模的開發森林資源，固然受到戰後對於建設材料的需求，而臺灣扁柏、紅檜材質優良，也受到世界各國的青睞，木材外銷可以換取外匯，充實當時空虛的國庫財源，因此造成臺灣森林過度的伐採，也是重要的原因之一。

到了民國 61 年 (1972)，臺灣森林伐採量達到高峰，當年生產針葉樹材 126 萬 7 千立方公尺，闊葉樹材 127 萬 1 千立方公尺，工業原料材 16 萬 5 千立方公尺，總計 270 萬立方公尺。除了砍伐數量創新紀錄，另一擔憂為實際伐木量比編列伐採量多出 84 萬立方公尺，而且過度伐採之森林，大都為針葉一級木，如臺灣扁柏、紅檜 (陳潔，1973)。臺灣森林資源開發進行至此，全然以經濟生產目標為主，顯然已完全失序。森林覆蓋度大量減少，對國土保安有重大衝擊，原有之林業政策必須修正，維持臺灣森林資源的永續利用，以符合國民福祉與社會期盼 (王鴻濬、張雅綿，2016)。

2.1.2 臺灣林業經營改革方案

民國 64 年 (1975) 行政院核定之「臺灣林業經營三原則」具有明確的政策方向，

▲ 東眼山國家森林遊樂區 / 圖片來源：林務局影音資訊平台

反應當時社會對於保留國家資源、增加森林覆蓋、強化水土保持的需求，以及社會集體選擇，而由林業主管機關執行。

「臺灣林業經營」三原則的第一原則：林業之管理經營以國土保安之長遠利益為目標，不以開發森林為財源。第二原則：為加強水土保持工作，保安林區域範圍應再予擴大，減少森林伐採。第三原則：國有林地應儘量由林務局妥善經營，停止放租放領，現有木材商之業務，並應在護山保林之原則下逐步予以縮小，以維護森林資源。

為了完成對臺灣林業經營三原則的實踐，臺灣省政府依據三原則的精神，擬定「臺灣林業經營改革方案」，送行政院審核，於民國 65 年 (1976)1 月修正後核定實施。臺灣林業經營改革方案共有 19 條，包含系列的經營計畫，務求以多目標利用的經營原則，來經營臺灣森林資源，此方案從民國 65 年 (1976)7 月執行至 71 年 (1982)6 月，共 6 年。臺灣林業經營改革方案係由各項實施計畫組成，具有時間縱向，也以具體的行動方案，回應了臺灣林業經營三原則的內容與目標。

臺灣林業經營改革方案可分為四個主要工作重點，包含：加強國土保安、維護森林資源、發展森林多目標利用、改進業務管理等。林務局依據改革方案內容，以及實際狀況，提出 13 項計畫，以 6 年為執行期，逐步實施。13 項計畫為：擴大編定保安林、治山防洪、國有林經營計畫檢訂調查、公私有林經營輔導、林

業長期集約經營、造林、伐木、森林保護、督導已放租林地完成造林、森林遊樂及自然環境保育、林業試驗研究、山地保留地之林地清理，以及修訂林業法規等。臺灣林業經營改革方案重要的發展方向為：限制年伐木量在 100 萬立方公尺以內。在鐵路、公路、水庫、沿海、河川附近編定保安林，共編入 5 萬 5 千公頃 (焦國模，2004)。

2.1.3 臺灣森林經營管理方案

民國 78 年 (1989)，林務局由省府事業單位改制為公務預算單位，因為機關的改制，臺灣林業政策的發展，有了一個嶄新階段的開始。「臺灣森林經營管理方案」首訂於民國 79 年 (1990)，亦為林務局改制後的第一年；其間經歷了一次的修訂，於民國 86 年 (1997) 進行第三次修訂，此方案再一次調整了臺灣林業政策的方向。

「臺灣森林經營管理方案」共有 16 條。這個時期的林業政策以森林保續經營為原則，以謀取國民福利為目標，積極培育森林資源，注重國土保安，配合農工業生產，並發展森林遊樂事業，以增進國民之育樂為目的。重要的政策方向包含全面禁伐天然林，限制年伐木量 20 萬立方公尺以下、每一伐區皆伐面積不得超過 5 公頃，以及開發森林遊樂區，並劃設各類型保護區等 (林務局，2018)。臺灣的林業政策至此，更加確定森林多目標經營，並加重對自然保育方

向的施政。

自民國 47 年 (1958) 的「臺灣林業政策及經營方針」、民國 65 年 (1976) 的「臺灣林業經營改革方案」，到民國 86 年 (1997) 第三次修訂的「臺灣森林經營管理方案」，說明臺灣林業政策的變遷，在反應臺灣社會各發展階段，對森林資源的需求與利用，以及政府回應社會發展之需求。我們可以更加瞭解「林業政策」是政府為了達成臺灣森林的永續利用，以國民福祉為最高指導原則，在經營、分配、管制有限的森林資源上，所做的行動方案。林業政策的提出，不但解決當時的問題，或潛在問題的防止，更是尋求公共利益的最大整體行動。

2.2 清領及日治時期森林資源之權利類型

哈定 (Hardin, 1968) 在他的著作：共有財的悲劇 (the tragedy of the commons) 中描述共有財 (common-pool-resources) 的最後收場，必定是資源的劣化或消失。他以可自由進出，提供任意使用的草原為例，每一個牧羊人都可以在草原放牧，以增加自己的收益。因為每一位附近的牧羊人，都因獲利的理性行為進入草原放牧，逐漸的使草原過度放牧，最後促使別的牧羊人無法使用，因而增加他人的放牧成本。草原在沒有界定財產權之前，是一種「共有財」，雖然類似公共財的性質，惟不具有「排他性」的特質，亦即每一個人皆可使用，但是共有財卻有「敵對性」或「擁擠性」；當他人使用就會減少其他人使用的效用。森林資源在還沒有界定財產權之前，如同供牧羊人放牧的草原，理論上，居住於森林中或森林周邊的每個人，都可以進入使用，不受限制，是一個典型的「共有財」。

2.2.1 清領時期之森林權利

臺灣森林資源的利用可追溯至最早定居於此地的臺灣原住民，他們集體或個人使用森林資源，對森林「財產權」的界定，以個人或部族間的權力消長來區分。全面的國家力量介入，遲至清領時期才開始，由政府明訂特別的使用規範，排除政府以及政府特許之外的使用權。例如：清領時期為了有效隔離漢人與臺灣原住民，於乾隆 26 年 (1761) 完成了一條縱貫臺灣南北，以土石堆築的「土牛」或挖掘成的「土牛溝」，藉以在地理空間上分隔漢人與原住民的交流。「土牛溝」同時規範了私入「番境」而為「抽藤、釣鹿、伐木、採椶 (棕)」的行為加重量刑，比單純入番境加重了 3 倍的刑罰 (陳國棟，1995)。然而此時之土牛溝分界不是資源利用之權利區隔，而是清政府方便原漢管理上的措施。

在伐木制度上，確立以「軍工匠首」為臺灣唯一合法的伐木業者，進行非墾殖性的伐木作業。「軍工匠首」以及其帶領的小匠們，將其所採取的林木，提供清國水師的「軍工廠」作為造船之用，而其伐木的報酬為合法伐取樟樹，並熬製樟腦，此特許制度為他們帶來可觀的利潤（陳國棟，1995）。到了光緒 13 年（1887），劉銘傳為了興建基隆至新竹鐵路，特設「伐木局」砍伐樟木，做為鐵道枕木之用，為後續較大的「官營」伐木。其他移民型之拓殖砍伐，皆為小規模的森林資源利用，且大都位於平原與丘陵地區，因為政策關係，商業伐木並未在此時期發生。因此，正如多位學者的觀點，我們可以確認清領時期，為實施「封禁政策」的林業政策。

清代的開墾制度使用申請登記制度，亦即申請者在開墾土地之前必須向政府申請，取得許可後，具有在申請範圍內的優先開墾權力。然而，當時臺灣山林管理鬆散，農民占墾山地、伐木視之為當然。清政府對於平地、丘陵地區可開墾地，鼓勵人民積極開墾，並予以登記，但是對於近山區或番界附近的未墾地（日治時稱為林野地），似乎沒有具體的管理制度。劉銘傳雖然在臺灣推行新政，要求開墾者需申請而後放行，但地方官府並沒有一個有效率的執行方式，登記與稅收隨機處理，毫無章法（姚鶴年，1993）。臺灣山林的管理制度，以及森林的權屬尚未步上正軌，劉銘傳卻於光緒 16 年（1891）稱病，並獲准卸職，

結束了還未全面建立的臺灣森林權屬制度與規範。

根據李文良（2000）的研究，臺灣在日本領台前夕，其林野的權利狀態大致上可分為三類型：第一類為經清政府核發的開墾證照，可以合法的開墾或尚未開墾者；第二類為未經政府許可，非法占墾利用者，但也已經有開墾的事實者；第三類為沒有政府許可或為民間利用者，尚處於林野狀態。進入日治時期，臺灣總督府為了確定林野地的業主，據以進一步分別「官有」、「民有」土地與資源歸屬問題，特別以「緣故關係」來處理「緣故關係地」、「緣故關係林野」，以及「緣故關係人」等特殊因素，希望協助釐清土地、森林與人的關係。

2.2.2 日治時期之森林權利

日本領台後，立即於明治 28 年（1895）以日令第 26 號，發布〈關有林野及樟腦製造業取締規則〉，其目的為整理，並確立臺灣森林資源的「官有」與「民有」的權利類型。其中重要者：若無合法證據及山林原野之地契者，歸為官地。除清政府發有許可執照外，官樹一律不得伐採，官地一律不得開墾，亦不許熬製樟腦。領有清政府許可伐木、墾地、製樟腦執照者，即起限期內，攜帶原許可執照，赴地方州廳政府辦理報核，換發新許可執照，違反者處以罰銀元或資產充公（姚鶴年，1993）。此日令成為臺灣森林資源「國有化」的開始。

然而，若僅以具有清政府核發之執照為唯一依據，確定日治初期人民與森林的權利關係，據以進一步劃分臺灣森林資源為「官有」或「民有」，卻讓地方政府在認定的實務上，遭遇極大的困難。事實上，臺灣人民在土地的使用上，即存在有「已費相當勞資投入、進行多年墾殖管理，以及持續使用占有」的民間慣俗，而且其使用，多具有財產權排除他人使用的特性。即使拿不出清政府所核發的許可執照，當政權轉移之際，也難遽以歸類為「官有」。為了實務上的需要，臺灣總督府必須調和日令26號與社會衝突的可能性，因此日治時期使用所謂「緣故關係」之政策，在過渡期扮演重要角色；既不中斷居民對於森林資源使用，亦可藉由收稅充裕政府財源，並順利完成對於「官有」、「民有」林野的區分。

緣故關係土地係「官有」與「民有」之間的過渡。緣故關係土地依據土地取得方式之不同，分為「保管林」、「開墾拂下地」，以及「預約賣渡地」等三類型。「保管林」為在官有的土地上，承認被人民善意占有使用〔採取竹木的經濟使用〕的事實，雖然不承認其業主權，但仍

然同意繼續使用，並依規定繳付保管費。「開墾拂下地」係指已經被墾民開墾完成，且地目為田、園者，可向政府申請放領，放領後即為民有。「預約賣渡地」為當時未完成申請墾照申請以及新墾地申請者，係依據各式預約賣渡會貸渡規則，申請預約開墾繼續保有墾權，以便在土地承墾後，進一步取得土地之業主權〔李文良，2000〕。

臺灣總督府於1914年完成「林野調查」，查定總計有973,736甲土地，其中編定為官有752,091甲，民有僅31,179甲。然而此調查範圍並未進入「蕃界」，臺灣主要的高價值、高蓄積森林區域大都保留於「蕃界」之內，也必須等到臺灣總督府撫蕃的推展，隘勇線的向前推進，以及配合墾殖政策逐步落實，在接續進行之「森林計畫事業」時，才能進一步的執行森林區分的調查，納入更多面積的「要存置林野」之森林區域。

1914年臺灣總督府在調查結束後，確立「一般行政區」，與「特別行政區」的界線，並於1915年開始，至1925年，進一步完成「官有林野整理」事業，接續先前已經完成的林野調查，更加確定

了「要存置林野」與「不要存置林野」的分別。「林野整理」釋放了相當多的緣故關係土地，並歸入「民有」的森林資源與土地的類型，這些森林資源與土地，分配給一般的緣故關係人，以及「積極搶占」官有地的臺灣資本家與內地〔日本〕資本家〔洪廣冀，2004〕。不過，如前所述，臺灣高蓄積、高品質之森林區域大都位於「蕃界」，當理蕃告一段落，原住民被迫遷居淺山地區或接近平原區域，在高山地區之森林資源才逐漸歸於官有，並編定森林計畫，為森林施業而準備。

林野整理後，官有、民有的森林權利類型確定，加之以理蕃政策之推進，臺灣總督府逐漸掌握「蕃界」內的森林資源，遂自 1925 年起，開始進行「森林計畫事業」工作。「森林計畫事業」編製之林野區分調查分為：要存置林野、準要存置林野、不要存置林野三部分。「森林計畫事業」之編定主要針對「要存置林野」之官有林野，進行未來營林之準備；包含森林之範圍、森林狀態等，以作為後續官營，或特許會社經營之使用。「森林計畫事業」分別為「森林治水調查」、「區分調查」、「境界調查」〔包括三角測量及週界測量〕、「施業案調查」等項目。

1925 年進行之第一次「森林計畫事業」，北起基隆三貂角，南達恆春鵝鑾鼻；被調查林野地包含平地與山地，共計 2,859,140 公頃，經過了 11 年，於 1935 年完成。1938 年臺灣總督府又特別針對河川上游地區、高山地帶等國土保安之地，以及第一次「森林計畫事業」未調查之地，進行第二次「森林計畫事業」，直至 1943 年完成。在日治時期，臺灣官有林野共完成了 40 個事業區的施業案，合計林地面積 1,494,557 公頃〔林子玉，1993〕。

歸納日治時期臺灣森林資源的權利類型，確定以收歸無權利類型之森林資源為「官有」為原則，並充分瞭解臺灣人民對土地資源的慣俗，發展所謂「緣故關係」，用以緩和初期劃分為「官有」、「民有」類型的衝突性，順利完成臺灣林野的「官有」、「民有」的區分。繼之以「森林計畫事業」，編製林野地區分調查分為：「要存置林野」、「準要存置林野」、「不要存置林野」三部分，並展開各類型森林資源之調查、管理與經營，確定以「事業區」為單元，並進行不同施業案之準備，臺灣森林之權利類型發展至此，已有完整之全貌。日治時期由於臺灣森林資源之權利類型大都歸屬「官有」，因此森林利用與經營所有權大都掌握在官方，僅有極少面積納入私有；且官方之開發森林資源採自營，或以特賣、公賣給與會社經營型式。在太平洋戰爭開始，原官方自營的森林開採地，大都轉移至日商株式會社。

日治末期，臺灣總督府受太平洋戰爭之影響，開始調整臺灣森林權利類型。原先執行官營伐木之「營林所」，釋放其經營的事業地給官民合營的大型株式會社或小型的會社。例如：具有「國策會社」性質的「臺灣拓殖株式會社」接手經營官營的阿里山 (1942)、太平山 (1938) 以及八仙山 (1942) 等三大林場。竹東林場、巒大山林場、太魯閣大山事業地，則分別特許由規模較大的內地資本家所組成的「植松木材株式會社」、「櫻井組合」，以及「南邦林業株式會社」，經由臺灣總督府的審核，進行該地區森林資源的開發，尤其著重於戰爭時期的木材統制與軍需木材的供應 (王鴻濬，2018)。

臺灣光復後，成立臺灣省行政長官公署，林業部分設置行政長官公署農林處林務局，負責接收日治時期之林業機構，成立 10 個山林管理所；分別為：臺北、新竹、臺中、埔里、嘉義、臺南、高雄、臺東、花蓮、羅東等，用以接收日治時期之官有林。另成立 4 個模範林場，用以接收設於臺中縣境內之東京帝國大學演習林 (第一模範林場)、設於高雄縣境內之京都帝國大學演習林 (第二模範林場)、設於臺中縣境內之北海道大學演習林 (第三模範林場)，以及設於臺北縣境內之九州大學演習林 (第四模範林場)。接收時期的行政長官公署農林處林務局，另設有「林產管理委員會」，專門處理日治時

期的公私合營株式會社，其中規模較大者，收歸國有，由林務局自營，規模較小者，撥歸民營。

民國 36 年，臺灣省政府成立，並於農林廳下設「林產管理局」，廢除了光復初期設置之「林務局」以及「林產管理委員會」。此時，林產管理局實質掌管了林政與林產；其下設置臺北、新竹、臺中、臺南、高雄、臺東、花蓮等 7 個山林管理所，以及 6 個直營伐木林場；阿里山、太平山、八仙山、竹東、巒大山、太魯閣林場 (林子玉，1993)。為進一步適切

表 2-1 臺灣林地所有權屬面積

所有權屬	管理機關	林地面積（公頃）	比例 %
國有林	林務局 國有林事業區	1,533,811	77.0
	林務局 事業區外林地	82,817	4.2
	國有財產署	64,538	3.2
	原民會	111,454	5.6
	林業試驗所	11,411	0.57
	大專院校實驗林地	36,295	1.8
	其他	9,492	0.48
	小計	1,849,818	92.8
公有林	縣市政府	6,832	0.3
私有林	-	136,555	6.8
總計		1,993,205	

資料來源：第四次全國森林資源調查報告（林務局 2016）

的使用臺灣森林資源，第一模範林場之後交給國立臺灣大學，成為臺灣大學實驗林；第二模範場則交給了林業試驗所，成為林試所的六龜試驗林；第三模範林場則交給臺灣省立農學院（現在之國立中興大學），成為農學院之實驗林；第四模範林場則交給了臺北山林管理所。至此臺灣森林之權利類型，以及管理機構之規模，得以奠定（焦國模，2004）。

現代林業準確的調查森林權利類型，並以科學方法，確定各類型森林經營面積、森林類型、森林蓄積量，甚至可計算碳匯量與生長量等森林資源資訊。最近一次的第四次全國森林資源調查，由林務局執行，於民國 103 年（2014）完成。此次調查臺灣地區總計森林覆蓋面積為 2,197,090 公頃，森林覆蓋度為 60.71%。

第四次全國森林資源調查另以地籍資料，篩選出符合森林法施行細則第 3 條定義的「林地」區塊；臺灣全島林地總面積為 1,993,205 公頃，國有林有 1,849,818 公頃，占 92.8%，公有林 6,832 公頃，占 0.3%，私有林有 136,555 公頃，占 6.8%。在國有林中，以林務局所管國有林事業區占 1,533,811 公頃，原民會所轄原住民保留地之林地次之，為 111,454 公頃，另各大專院校實驗林地，以及林業試驗所所轄試驗用林地總計有 47,706 公頃。

詳細的林地所有權屬面積如下表（林務局，2014）。

臺灣光復後雖然歷經多次的林業機關改組，但其森林資源之權利類型與日治時期的類型比較，並無太大變動；亦即保有多數林地為國有，公有及私有林僅占大約 7% 的極少數。值得注意的部分為，國有林中之原住民委員會所管理之「原住民保留地」，僅次於林務局管理之國有林面積，排行第二。原住民保留地的前身，起源於日治時期「森林計畫事業」所區分之「準要存置林野」。因為原住民居住區域受山地行政之管制，原住民經濟活動端賴居住區域內之森林、土地與生產物，以維持最低之生活。其性質不若「要存置林野」之林地，皆按照編成之施業計畫執行。「準要存置林野」內之森林，常由原住民墾殖利用，傳統林業經營不容易進行，演變成為光復後山地保留地之雛形。其後政府為解決原住民使用地不足，增加原住民保留地土

地資源，照顧原住民生計，並回應原住民社會發起之還我土地訴求，而有原住民保留地之增、劃編。「增編」係 1990 年間依臺灣省原住民社會發展方案，訂定「原住民使用原住民保留地以外公有土地預定增編原住民保留地會勘處理原則」以為增編之依據，分別於 1990-1992 年及 1993-1995 年間辦理 2 次增編原住民保留地工作計畫，增編面積分別為 13,221 公頃及 3,294 公頃，增編後的土地由鄉公所依原住民保留地開發管理辦法等規定，輔導辦理土地分配給原住民。「劃編」則於 1989 年間訂定「臺灣省原住民原居住使用公有土地劃編原住民保留地要點」，解決要點實施前已為原住民使用居住之土地問題，實施期間自 1990 至 1992 年，核定劃編面積為 284 公頃。另外，位居國有林面積第三位之林務局事業區外林地，主要是從日治時期即開始編定之各類型保安林，其國土保安功能，極為重要。

2.4 練習題

① 說明公共政策的五項特徵。
② 試述臺灣林業經營改革方案的三個原則。
③ 根據李文良發表於 2000 年的研究，清領時期林野的權利狀態有哪三類型？
④ 日治時期「森林計畫事業」編製之林野區分調查把臺灣林野分成哪三類型？

📖 延伸閱讀 / 參考書目

🌲 王鴻濬 (2018) 南邦林業株式會社 - 森林 部落 人們—太魯閣林業史。花蓮：花蓮林區管理處。

🌲 王鴻濬、張雅綿 (2016) 1922 無盡藏的大發現—哈崙百年林業史。花蓮：林務局花蓮林區管理處、阿之寶有限公司，261 頁。

🌲 吳定 (2006) 公共政策辭典。臺北：五南圖書出版股份有限公司，494 頁。

🌲 李文良 (2000) 日治時期臺灣總督府的林野支配與所有權。臺灣史研究 5(2): 35-54。

🌲 林子玉 (1993) 森林經營計畫 - 中華民國臺灣森林志 (姚鶴年 主編)。臺北：中華林學會，814 頁。

🌲 林務局 (2016) 第四次全國森林資源調查報告。

🌲 姚鶴年 (1993) 日據時期林業 - 中華民國臺灣森林志 (姚鶴年 主編)。臺北：中華林學會，814 頁。

🌲 洪廣冀 (2004) 林學、資本主義與邊區統治：日治時期林野調查與整理事業的再思考。臺灣史研究 11(2): 77-144。

🌲 陳國棟 (1995) 「軍工匠首」與清領時期臺灣的伐木問題 1683-1875。人文及社會科學集刊 7(1): 123-158。

🌲 陳潔 (1973) 臺灣林業考察研究專輯。中興新村：臺灣省政府，208 頁。

🌲 焦國模 (1998) 中國林業史。臺北：渤海堂文化事業有限公司，457 頁。

🌲 焦國模 (2004) 林政學。臺北：臺灣商務印書館，363 頁。

🌲 羅清俊 (2015) 公共政策—現象觀察與實務操作。新北市：揚智文化事業股份有限公司，377 頁。

🌲 Cubbage, F. W., J. O´Laughlin, and C. S. Bullock III (1993) Forest Resource Policy. New York: John Wiley & Sons, Inc. 562 pp.

🌲 Hardin, G. (1968) The Tragedy of the Commons. Science 162: 1243-8.

3.1　林業政策的特性

林業是社會功能及活動的一部分，影響林業活動的社會力量有：(1) 人口的成長及消費所導致的資源競爭；(2) 貧窮、債務及富裕導致對自然資源不同之看法；(3) 全球趨勢；(4) 知識與技術顯著的增加 (Salwasser, 1990；洪富文，1993)。

人口成長與消費造成的森林破壞，例如日本在十七世紀因人口增加及糧食需求，砍伐森林做為燃料、鑄鐵、燒陶以及製作草肥，導致各領地常起紛爭。到十七世紀晚期因土壤沖蝕與作物減產，引發數次大饑荒 (Diamond, 2005)。中世紀人類對森林沒有節制的伐採，往往造成災難性的後果，已有許多環境史的相關著述可以參考。二十世紀以來的民族國家獨立運動及冷戰解體後的開放自由貿易市場，使得許多政權不穩定的開發中國家舉債鞏固領導權的同時，多以交換伐木特許或賤賣林地改種農作 (如棕櫚樹)，讓當地人失去原有的生活型式而日益貧窮 (Jensen and Draffan, 2003)。最近扭轉森林砍伐的最重要事件，莫過於全球氣候變遷，在二氧化碳急遽增加的威脅下，世界各國開始將造林與森林管理納入全球碳管理的策略，利用育林技術提高人工林生產力，改善木材製程以做到全材利用，充分利用木質廢料造粒或堆肥等，均是因應當代需求所發展出的林業知識與技術。

由於森林資源受到國家人口消長、產業結構、對外關係以及林學知識的影響，故考量一國的林業政策不外以下五要點 (焦國模，2004)：

一、適當面積

透過森林所能達到的環境、生態、國民保健與經濟效用非常鉅大，所以森林面積比例自然是愈大愈好。但為了都市用地、工業用地、農業用地等需要，事實上卻是不斷破壞森林轉作其他土地利用型態。盱衡全球，森林面積約為 40 億公頃，約為全球土地面積的 1/3。因此，一國的森林覆蓋面積以不得低於國土面積的 1/3 為佳。在臺灣，森林覆蓋率為60.7%，是全球平均值的 2 倍，但因地狹人稠，人均森林面積僅 0.092 公頃，遠低於全球平均值 0.624。可見得，決定森林面積大小須重量也重質，必須將人口因素考量在內。

二、永續經營

森林是可再生資源，在立木時期能發揮環境功效；在經濟方面能提供令人舒適

方便的木質產品，以及各種類型的非木材林產品(non-timber forest products)。森林伐採利用以供民生所需，勢所難免，重點在如何確立適當的收獲期、了解木材市場需求，以及國際木材流動，將國內外對森林資源過剩或稀缺的趨勢，精準納入森林經營計畫，方能維持森林資源的永續發展。

三、掌握趨勢

由於林木生長期長，有時在造林初期對某一樹種的迫切需求，但到了伐期齡已情勢丕變，成了無用之物。早期林產工業進口大徑木專用的機具，到天然林禁伐後，幾成廢鐵。另則，國內的保育觀念興起，也會影響森林政策；如 2000 年前後的黑心柳杉事件頻頻搬上新聞版面，對於早已到達輪伐期的柳杉人工林，即衍生出該砍/不該砍的極端見解。因此，林業政策實得洞燭機先，預測未來，立足臺灣且放眼天下，才能防止對森林資源扭曲或誤用。

四、勞工供應

全世界都市化程度愈來愈嚴重，都市擁有工商業發達、完善的交通、教育與醫療資源，使得全球都市人口約占 75%。臺灣人口更高達 79.8% 集中在都市 (內政部，2015)，農林業面對缺工的困境，尤其是鄰近林區的山村居民逐漸老化、凋零，更使得森林勞動工作無以為繼。如何解決勞動力不足的問題，以日本為例，政府為鼓勵年輕人投入林野工作，

發布「綠的僱用」計畫，提供資金給僱用者及被僱用者，可惜最後檢討效果不彰。另一方面，為了減省人力負荷而發展的各種伐木造材林業機械，在臺灣囿於地形、地質與樹形的限制多不能全盤照收。勞動力問題還是得從教育著手，培育可從事林野工作的新血，才是治本之道。

五、國際協調

全球化打破地理與國家的疆界，讓各式各樣的商品自由流通，但也衍生了諸多資源分配與外部性的問題。以木材貿易觀之，臺灣每年約進口 600 萬立方米的木材及木製品，但隨著國際木材價格逐漸上漲，以及對木製品的環境驗證要求愈來愈高，許多林產業已經感到木材來源短缺的壓力。其他諸如林木種子、活體標本、土壤等進出口檢疫，以及病蟲害的跨國合作防制等，都是必須透過國際協調才能通力完成的事務。

綜合國內外社經條件與趨勢預測後，形成林業政策還必須確切掌握問題認知或界定的前置工作。當議題進入政策議程後，決策者必須調查問題、詮釋結果、考慮不同提案的可行性，並選出最合宜的政策。聯合國糧農組織 (Food and Agriculture Organization) 提供發展有效林業政策的十個方法，可做為參考 (FAO, 2010)：

一、林業政策應當簡單易行，由相關的利益團體和政府基於對森林的共

同目標來制定,並廣為社會大眾所理解。

二、森林政策目標需解決主要的社會問題,從宏觀的角度與國家發展方向密切配合。

三、啟動政策修訂需要充分了解國家背景,得到政府高層與重要的權益相關者支持,並準確掌握修訂時程。

四、充分的準備工作 -- 包括溝通與能力建構、領導支持、當前與未來趨勢的可靠訊息,這些訊息攸關於森林及決定森林利用方式的社會、政治、經濟、環境和技術因子。

五、透過政策修訂過程,國家與次國家級的權益相關者得以參與是主要關鍵,由此產生的政策亦是權利共享並責任分攤。

六、起草森林政策須慮及要保護與利用森林的不同權益方,甚至是衝突的權益。達成妥協需具備良好的談判和協商技巧,而不是技術知識。

七、一項能運作的政策設計時要考慮到執行面的困難。這需要有一致的方法和責任,以及可完成目標方法的彈性。在新的或修訂政策時尚需了解資金、重新調整法律和制度架構。

八、剛開始時,參與政策制定和執行的人已培養充分的能力,並建立強且專業的溝通管道。

九、新的森林政策要由最高階政府來發布施行,並指導主管機關推動。

十、新的森林政策要能指引日常實施方向,在制度內須安排可對話與微調業務及其他政策協調的可能性。

3.2 政策議題與公眾參與

傳統森林經營依賴森林專業菁英的科學判斷,決定那些種類、多少數量的森林產出,以達森林永續經營與全民福祉最大的目標。這種專業菁英式的森林決策模式是 17 世紀以來科學林業 (scientific forestry) 的一大特徵。但 20 世紀後,科學林業在世界各地擴散的結果,許多森林反而被開發或受到破壞,造成當地與林業機關的對抗、紛爭與衝突。1992 巴西里約地球高峰會 (Earth Summit) 提出

森林原則 (Forest Principle) 追求永續發展之願景,會中強調必需鼓勵公眾參與森林經營的決策,滿足社會不同乃至互相衝突的多種需求,以解決日益嚴重的毀林 (deforestation) 問題。

目前公眾參與森林經營決策在已開發與開發中國家皆持續發展 (Anderson *et al.*, 1998):在美國,許多林務署的國有林經營計畫因非政府組織與公民團體抗議正

於法院進行訴訟。在非洲，大量的研究顯示林務員工與地方團體於森林經營的認知、價值與目標有極端的差異，而且單一團體的獨自經營 (如國有林管理單位或地區居民) 無法保證永續經營。在中歐與東歐，森林家的形象從「全能的政府決定規則」，轉變為接受私有林主、政治團體、政策制定者、地方政府、非政府組織等衝突需求的「專業的公民服務」。因此公眾參與已然成為林業政策能否成功的重要關鍵因素。

「公眾參與」的定義，依 Joint FAO/ECE/ILO Committee (2000) 是指各類型直接公民投入的型式，由此人們能個別或透過組織團體以交換資訊、表達觀點、及闡明利益，並有可能影響決策或改變特定的林業議題。Jeffery and Vira (2001) 則從主管機關為何要支持公眾參與舉出兩個理由：(1) 因為地方人民有可能從體制外破壞或瓦解森林經營計畫的執行；(2) 因為計畫的達成不能沒有地方知識的投入。但任一政策都不可能涵蓋全體國民，勢必得有較為特定參與的對象，依此鄭欽龍與古曉燕 (1999) 整理三點：

一、就一般民眾而言，參與的公眾可以涵蓋直接、間接或潛在受到經營決策所影響的個人或團體。

二、就資源經營者而言，公眾指的是有效決策議事過程中，適當人數且具資格的公民。

三、若參與的公眾人數太多，會增加決策議事過程的困難，故公共資源的經營者傾向減少參與的人數。

森林資源政策的權益相關人 (stakeholders) 可以圖 3-1 表示：

地方居民
年長者、退休人員、青年、學生、失業者

地方權力相關者
當地政府、行政部門、村長、國家公園管理單位、NGOs

林業經營者
木材供應商、伐林公司、製材廠、商品鏈

森林資源政策

公共服務部門
教師、店家、醫療體系

林業工作者
伐木工、拖曳機師、機械維修人員、政府雇員

其他產業或個人
管理者、受雇者、企業體

◀ 圖 3-1　森林資源政策的權益相關人示意圖

公眾參與可進行的過程分為四個步驟，分別為：決策的參與、執行過程的參與、利益分配的參與，以及評價的參與。依次說明如下 (Apichatvullop, 1993)：

一、決策的參與

決策參與意味著人們投入於問題的確認及尋求解決之道；開始時決定是否或何時來指導行動；進行中則決定活動的變更；以及決定財務、人員、及設備配置。在以往的森林經營策略是很少見的。

二、執行過程的參與

執行社會林業計畫中的參與，可透過地方所貢獻的金錢、勞力、資源、物質來達成。也意味著地方民眾投入經營過程及參與他們所認同的活動，如闢建苗圃、種樹、出售產物、守護森林，以分配利潤。

三、利益分配的參與

此意味著社會的、政治的、或經濟的利益，將公平的分配給每個計畫成員。利益的參與似乎該是最迫切的目標，可惜

表 3-1 公眾參與依實質參與的強度可分為七個類型 (Pretty, 1997)：

類型 (Typology)	特色 (Characteristics of each type)
1. 表面參與 (Manipulative participation)	參與只是單純的偽裝
2. 被動式參與 (Passive participation)	人們參與是經由被告知既定的或現存的結果，資訊只在外部專業人士之間共享。
3. 諮商型參與 (Participation by consultation)	人們參與是經由受諮詢或答覆問題，過程中並未讓予共享決策，專業人士不需要假意是人們的看法
4. 誘因型參與 (Participation by material incentives)	人們參與是為了獲得食物、金錢或其他物質誘因，當誘因中止後，當地的人們不會繼續延長技術或計畫。
5. 功能式參與 (Functional participation)	參與是由外來的機構作為達成計畫的手段，特別是用來降低成本。人們可以形成團體而參與，以達成既定的計畫相關目標。
6. 互動式參與 (Interactive participation)	人們參與在連結行動計畫的分析與發展，以及地方團體與制度的強化，學習方法論以尋求多樣的前景，並由團體決定資源最適使用的方式
7. 自發性參與 (Self-mobilization)	人們參與是獨立地透過外在制度的開啟，他們為了所需的資源與技術上的意見，與外在制度展開接觸，但仍保有資源使用的控制權。

資料來源：翻譯自 Pretty, 1997

這類參與的型式常在許多計畫中被忽視。有許多基本社會性的林業計畫無法獲得村民適當的參與，因為他們不認為可以由該計畫中得到利益，或說他們不相信計畫所獲得的利益會歸諸於地方。這種感覺可能是由現存的法規所致，法規常禁止了他們參與森林計畫時個別利用的可能性。

四、評價的參與

評價的概念相當新，但已受社會學家引入社會林業計畫，評價是伴隨執行過程而生，在活動被人們認定及執行之後，地方居民有權評估他們在計畫中的成就。公眾參與的方式，依法律有無明確規定，可分為正式與非正式兩類（鄭欽龍、古曉燕，1999）。正式的參與方式是指特別在法律中清楚界定參與者的資格及參與的程序，使得公眾參與的權利受到法律保障。如：公告及建議程序、公聽會、顧問委員會，及調解委員會等。非正式的參與則是指在言論保障、出版及結社自由的基本權利下，公民可應用正式參與以外的方式，參與並影響公共政策的制訂。如：教育及提升公民意識、遊說、直接施壓等。

一般我們常看到的正式參與途徑多為政府法規在定案前，會先將草案置於特定的公開場所，在一定期限內供大眾參閱並提出建議。或是透過公聽會的方式，讓特定利益相關者提供資訊。目前我國環境影響評估法、水土保持法及野生動物保育法都有政府在必要時應召開公聽會之規定。其他環境影響評估或調解委員會通常屬於特定代表參與，並沒有對外開放。

非正式參與方式，有三種：(1) 教育與提升公眾意識—教育與提升公眾意識是間接的公眾參與，方式包括透過報章、宣傳冊、討論會與展覽等。先提高民眾意識，再使其積極參與決策。(2) 遊說—遊說方式包括組織公聽會、討論會、提出草案、發表獨立研究報告結果及組織全職的遊說團體。由於專家學者能提出適當的論據，因此在非政府組織制度健全並與專家合作密切的地方，遊說較易達成目標。(3) 直接施壓—組織民眾或利害相關團體形成壓力團體 (pressure groups)，而影響當政者對某特定事件的決策。施壓的方式包括提出訴訟、提出調解、聯署簽名及示威、遊行等，新的趨勢則是利益團體的聯合，或國際間非政府組織對當政者施壓，以影響決策過程。

依照不同的森林經營參與強度，從最弱程度的參與方式，從資訊交換、諮商型的公聽會與免費專線、合作型的圓桌論壇與工作坊、共管型的社區林委員會及共管委員會的設置。可依照主管機關與權益相關者的需求，選擇不同深度廣度的參與方案。

政府的政策需要透過宣導來爭取大眾的支持，因此行銷管理 (marketing management) 為當前重要的公共管理策略，林業政策亦然。但在資訊爆炸的年代，電視、廣播、報紙、雜誌、電子郵件以及各類網路社群傳播媒介等隨時都在傳播大量訊息，大部分人都只能選擇性注意少部分的訊息內容。因此，林業政策的宣導，須優先掌握分眾的特質，了解關心林業訊息的閱聽人的特質、立場與意識型態，才能進行有效的傳播。

森林或林業新聞多半屬於生活新聞或科學新聞的類別，有時會涉及環境爭議的課題，因此常不具備及時性。如何透過日常生活中的傳媒來達到傳遞正確森林知識與觀念等教育功能，讓國人能在潛移默化中建立共通的森林價值觀，有利於林業政策推動與執行。

善用傳播媒介可利用正規教育、非正規教育及廣義的教育，發揮強大的影響力。這些媒介包括書籍與影像、期刊雜誌、報紙、廣播與電視、電影，以及網路社群或電子報等。以下一一介紹這幾種工具的應用：

一、書籍

書是一種有用且完整的學習工具，專業林學知識都已出版教科書或專業參考書，如樹木學、育林學、森林經營學、林政學、林產學等；但這些專業書籍的使用者並不廣泛，通常侷限於專業人士使用。反之，森林的科普書籍頗能得到大眾的共鳴，如亨利梭羅的「湖濱散記 (2013)」與「種子的信仰 (2017)」，是自然保育愛好者的聖經；著作豐富的科普作家 Edward O. Wilson 最近出刊「半個地球：探尋生物多樣性及其保存之道 (2017)」，也有一群忠實讀者。諸如此類，可見森林科普讀本所能發揮的廣大影響力。

二、期刊雜誌

森林學家與大眾溝通的刊物主要有《臺灣林業》（林務局發行）以及《林業研究專訊》（林業試驗所發行）等兩種；前者偏重實務與新知，後者偏重科普性的研究成果與新趨勢。目前這兩種刊物都有紙本與電子出版，方便讀者查閱。期刊雜誌內容廣泛，題材多元，例如《林業研究專訊》的主題從海岸林、纖維作物、林園療癒甚至是森林中的性別，比起書籍更具有及時性及多樣化等優勢，非常適合中小學生做自然科專題研究的入門參考。

三、報紙

報紙內容是由編輯與新聞記者篩選的結果，一則新聞有沒有刊登的價值須考量時效性、接近性、顯著性、影響性及趣味性等因素，因此常見於報紙的林業新

聞多為蛇吻、蜂螫等社會事件，或是花海、螢火蟲季等季節性活動，或是官方活動託播；偶有涉及環境衝突如樹木保護、森林保護或原民土地爭議等報導。報紙新聞是以一般讀者為對象，傳播範圍廣，但沒有辦法針對特定分眾的需求提供深入報導。近期許多學者都認為新媒體的興起，使報紙的新聞傳播功能被弱化，欲增強的監督與論述功能也未能完全發揮，但仍然是最重要的大眾傳播媒介。

四、廣播與電視

廣播與電視屬於傳送速度快、曝光時間短、資訊量相對簡單且僅能單向溝通的傳統媒體，因具有圖像較多而能同時刺激視覺與聽覺等感官為導向，而被認為有助於增強記憶的效果。因此，政府各類政策的宣導均偏好採用電視或廣播來傳播。森林環境中原本就存在許多蟲鳴鳥叫，能帶來令人愉悅的感受，過去也曾與聲景工作者合作製作有聲書在廣播節目中播放；林野環境與人文特色也是電視節目喜好取材的場景。透過不同媒介可以強化閱聽人對森林的認知與印象，可多加善用。

五、電影

2014 年講述日本林業的《哪啊哪啊～神去村》電影上映後，替老化、艱辛、繁重的林野工作帶來豐富的想像。2018 年臺灣自製由偶像明星主演的「山的那一邊」，描述山林獵人、盜伐者與巡山員的故事，替林業工作的電影類型開創一個新局。電影能夠放進帶有主觀意識的敘事觀點，透過情節鋪陳與戲劇性張力讓人容易接受，甚至能夠改變觀眾既定立場，所以是極佳的政策宣導工具。尤其是近年來各種類型的紀錄片，如探索土地利用的《看見臺灣 (2013)》、棲地破壞的《老鷹想飛 (2015)》、講述林班歌歷史：《誰在山上唱歌 (2016)》、家族復育山林的《森林人 (2018)》，從生態、人文與族群的角度詮釋人與土地及山林的關係，不但為森林留下寶貴的鏡頭，也為這一代的環境倫理做了多重詮釋。

六、網路社群媒體

新世代的傳播媒體使用者，不只侷限於傳統傳播學被動的閱讀與收聽的閱聽人，網路社群媒體的接收對象既是消費者也是生產者，在數位漫遊的虛擬空間中能尋找共同性，並建立社群關係。目前政

府相當重視網路社群的經營，視之為民眾交流的重要窗口，各林業相關機關除了官網，均專人負責粉絲頁，例如林務局有《森活情報站》，林業試驗所有《幸福森活》與《臺北植物園》等專頁，能與民眾及時互動。

過去公共政策經常藉由大眾傳媒，形成、擴展、主導議題，但新式的網路社群傳播使權力不再掌握於部分人的手中。尤其網路社群媒體發揮功能，透過網路分享，快速聚合大量群眾參與特定行動。這個新興傳播媒介對社會運動動員能力的助長，著實可觀，也提高了未來政策說服及政策抗爭的困難度與複雜度。

3.4 政治過程與政策形成

從外部環境或內部爭議所引發的不可預期或例外事件，不一定會形成新的政策或改變既有的政策來處理。問題所以會產生可能來自：

一、有潛在或現有之衝突。

二、可能會對經營計畫造成改變。

三、對資源的分配有影響。

四、需立即現場處理問題。

五、需要以林業機關的角色解決。

六、會被寫成疑問。

七、公共需參與驗證。

八、個別森林計畫無法處理之複合問題。

舉第 1 項為例說明，當社會大眾與林業機關產生觀點或行為的不一致，甚至衝突時，不見得全是負面的壞事。衝突依發生的階段可分為

(1) 潛伏期 (latent)：尚未公開但為潛在威脅；隱藏或尚未被發展出來的社會緊張、分歧和不同意見。

(2) 浮現期 (emerging)：表現出衝突的面貌，變得公開 / 承認 / 大眾化 (漸進式或加速度)。

(3) 持續擴大 (escalating)：導致暴力事件。若能在衝突尚未正式浮出檯面即適時處理，反而能促使政策形成與合理的施政。

若是問題一直延續，不是單一事件或偶發狀況，可依一定的程序來形成政策。這一系列過程，大致可分為以下四個階段：

❶ 界定問題 (Identify the problem)：瞭解問題、表達問題 (科學認定量化)、確立政策目標。

❷ 議程安排（Agenda-setting）：重要問題須廣納民意，由林業機關蒐集相關資訊，確認有需要形成議題，再納入政策議程進行問題討論。

❸ 政策形成（Policy formation）：

(1) 建構替代方案（Construct the alternatives）或稱對策、政策選項（policy options）：以創意和系統分析找出平衡點及影響因素的尺度與範圍，掌握成熟時機、簡化方案內容以讓顧客瞭解。

(2) 設定篩選方案的準則（Select the criteria）：

評價性準則以公平、正義（效益成本之分配）為主要考量因子；實施性準則則須考量是否可行，包括合法性、政治風險和成本；執行過程則須周延、詳實並保有彈性。

(3) 預測方案結果（Project the outcome）：由未來的不確定、系統及模式分析的結果、利害關係人的立場，以及情境模擬的劇本來分析。

▲ 東勢八仙山森林遊樂區 / 圖片來源：林務局影音資訊平台

(4) 蒐集資訊 (Assemble the evidence)：思考與收集資料都很重要，先思考問題再收集相關資訊，特別是資訊與證據的比較。

(5) 處理取捨問題 (Confront the trade-offs)：邊際觀念 (數量、品質、金錢)、多重目標的價值判斷。

(6) 做決定 (Decide)：設身處地為真正決策者著想，如到這個地步仍無法決定，就需要再加強錯誤嘗試的工作。

(7) 說故事 (Tell the story)：順服、認同、支持，要主動、利用科技 (信度及效度) 及政治藝術 (圓滿順暢)；設定政策說服標的族群 (瞭解標的族群的背景及需要)、說什麼 (questions, what to do, how to do, why)、怎麼說 (口頭、文字、邏輯與先後、數字與圖表、輔助工具、可信度)。

❹ 政策採行 (Policy adoption)

為確保林業政策得以順利推行，在程序上可分為七個步驟：(1) 確立政策，(2) 選擇方法，(3) 創立機構，(4) 設置人事，(5) 財務支持，(6) 監督、協調、控制，(7) 審議、評核結果。以下分述各項細節 (焦國模，2004)：

(1) 確立政策：林業政策須由林業機關依從民意及法理，擬定法條送請民意機關審議，通過後，再由林務機關執行。立法機關僅就方向性規範，執行細則由林務機關權衡實際情形做彈性調整。

(2) 選擇方法：為執行政策須得制訂行動計畫，有組織、持續地進行推動。欲使森林經營者遵循政策計畫而行，可以採用強制、教育、宣導、輔導與獎勵等手段。通常強制措施的效果立即可見；教育宣導方法較緩和而影響長遠。這些手段可以混合運用，以達到最佳的政策效果。

(3) 創立機構、設置人事及監督、協調、

控制：由於林區多位處偏遠，交通不便，機構管轄範圍即為首要考量。其次為設置人事既需有林業專業又要有行政能力，才能兼顧專業技術外，能維護當地人民權益。監督、協調及控制為工作權責劃分、團隊合作、消除對立的重要工作。

(4) 財務支持：任何工作都需要財務支持，一般泛稱「開門費」即指尚未執行任何工作即需基本的人事費、設備維護、水電油料等費用。基本費外，林業經常性的育苗、造林、森林撫育、林道維護、林班巡視等均需有材料、勞務、搬運等費用，更須具足才能順利推動政策。

(5) 審議、評核結果：林業政策實施後，須就結果進行審議。實務上，林業政策規定各事業區必須提出個別的國有林事業區經營計畫，但任何計畫都趕不上變化，因此計畫是需要重新規劃、修正或廢止。森林經營計畫中規定 5 年一次小檢定，10 年一定大檢定，平時亦可提出計畫修正的檢討與變更，以期符合政策方向。

林業政策因社會輿論與利益團體關切，引發衝突，進而設定為政策議題，最終形成政策的事例主要有兩則，都與社會對環保的要求日益提高，以及利益團體及民間對政府作為的監督有關。第一次是發生在 1988 年對伐木造成不當的山林破壞，最終做成「天然林禁伐」的政策；第二次是在 1998 年抗議棲蘭山以處理枯立倒木為名，進行天然林砍伐，此一事件後續朝向催生「馬告國家公園」，但因各方權益相關者的意見無法統合而不了了之。以下簡述這兩個事件影響林業政策形成的簡要過程。

自國府遷臺後，以林養農、以農養工，雖然造就了經濟奇蹟，但大量的伐木跡地也讓關心環境的人士感到憂慮。1988 年綠色和平工作室發布「1988 年搶救森林宣言」，立即獲得全台超過 100 名大學教授連署。同年 3 月 29 日發動「森林上街頭」遊行，人數不多。時當解嚴未久，政治氣氛仍不善回應民意需求，雖然政府與民間對伐林的意見明顯對立，但首次遊行的規模未造成足夠的壓力。因此民間團體持續遊說立法院、舉辦公聽會、遞狀控告林務官、訴諸媒體凸顯問題的嚴重性。隔年 3 月 12 日植樹節，再度集結 50 個民間團體、政治人物與知名藝人參與「1989 搶救森林大遊行」，讓整個行動在一系列活動中發酵而獲得社會支持。遊行結束時，環保團體赴林務局遞送抗議書，局長同意環團提出的天然林禁伐、組改與修法等三項要求。自此，天然林禁伐成為主導臺灣數十年森林經營的主要政策。

第二波森林運動則啟動於 1998 年，10 月 2 日由立法院永續發展委員會舉辦一場名為「搶救臺灣檜木純林」公聽會，由不同立場的學者及環保團體參加，經過新

聞媒體不斷報導，直到 12 月 27 日街頭遊行，31 日發起為臺灣森林守夜活動，在短短 70 天內共 17 家報紙刊登 207 篇報導 (王培蓉，1999)。這個運動持續動員了 10 餘萬人聯名請願、6 位縣市長簽署、141 位立法委員簽名贊同，停止棲蘭山檜木林枯立倒木整理作業。隨後因總統大選的承諾，預定成立「棲蘭檜木國家公園」；嗣因原住民強力反彈，內政部發展共管模式的新國家公園芻議。2000 年 12 月舉辦「守護森林大遊行」，催生馬告國家公園。最後，馬告國家公園提案在政黨第一次輪替的國會政治協商下，因預算審議未通過而遭凍結。

由這兩起事件，可以用本章提到的幾個觀念來分析：推動整體林業政策轉向的背景因素，是受到全球保育趨勢、經濟富裕及知識普及的影響；其中的權益相關者包括：環保團體、立法委員、林務官員、學界、新聞媒體、在地原住民族及不特定的一般大眾，都扮演了重要的角色。這兩次森林運動之所以成功搏得民眾的注意，導致林業政策做出回應，重點在於發起運動的環保人士，能善用已浮現檯面的衝突，巧妙地引導媒體注意，爭取民眾的支持。最終馬告國家公園在組織、人事、財政均無法獲得支持的情形下，成為公眾非正式政治參與過程的一個實證案例。

3.5 練習題

① 請說明形成林業政策的方法應包括哪些程序與步驟？

② 為什麼林業政策需要公眾參與？實質的公眾參與依強度可做出哪七種類型？

③ 傳統傳播媒介與新興傳播媒介有何差異？請舉例說明如何利用傳播媒介來宣導林業政策？

④ 公眾影響林業政策的非正式途徑有哪些方式？

⑤ 當公眾與林業行政機關意見不一致時，所引發的衝突包括哪些階段？應如何處理最為妥切？

📖 延伸閱讀 / 參考書目

🌲 內政部 (2015) 主要國家 2030 年人口預測及都市化人口比率。內政國際指標，土地與人口 (表 7)。https://www.moi.gov.tw/files/site_node_file/6462/%e4%b8%80%e5%9c%9f%e5%9c%b0%e8%88%87%e4%ba%ba%e5%8f%a3.pdf。

🌲 王培蓉 (1999) 新聞框架與環保運動意理建構之關係探討—以棲蘭山檜木枯立倒木爭議為例。未出版報告。

🌲 洪富文 (1993) 新林業：森林生態系的經營。林業試驗所林業叢刊 45: 129-143。

🌲 焦國模 (2004) 林業政策與林業行政。臺北，國立編譯館。

🌲 鄭欽龍、古曉燕 (1999) 社區林經營與公眾參與。中華林學季刊 32(1): 79-89。

🌲 Anderson, J., J. Clement, and L. V. Crowder (1998) Accommodating conflicting interests in forestry - concepts emerging from pluralism. Unasylva 49(194): 3-10.

🌲 Apichatvullop, Y. (1993) Local participation in social forestry. Regional Development Dialogue 14(1): 34-44.

🌲 Diamond J. (2005) Collapse: How Societies Choose to Fail or Succeed. New York, Penguin Group.

🌲 FAO (2010) Developing Effective Forest Policy: A Guide. FAO Forestry Paper 161, Rome.

🌲 Jeffery, R., and B.Vira (2001) Introduction. In R. J. and B. Vira (eds.) Conflict and Cooperation in Participatory Natural Resource Management. London and New York: Palgrave. pp.1-15.

🌲 Jensen, D., and G. Draffan (2003) Strangely Like War: The Global Assault on Forests. Chelsea Green Publishing, 296pp.

🌲 Joint FAO/ECE/ILO Committee on Forest Technology, Management, and Training

🌲 (Joint FAO/ECE/ILO Committee) (2000) Public participation in forestry in Europe and North America. Report of the Team of Specialists on Participation in Forestry. Sectoral Activities Dept., International Labour Office, Geneva, Austria.

🌲 Pretty, J. N. (1997) The Sustainable Intensification of Agriculture: Making The Most of The Land. The Land 1(1): 45-65.

🌲 Salwasser, H. (1990) Sustainability as a Conservation Paradigm. Conservation Biology 4(3): 213-216.

臺灣森林資源政策之實施

撰寫人：林俊成　審查人：李久先

4.1　歷史背景與重要森林政策演進

人類的需求將決定森林的命運，在需求增加的情形下，森林面積易因伐採而減少，而林業政策的方針，則決定森林的走向。臺灣的森林資源經營政策，由「以林養民」、「以林養林」、「多目標經營」、「永續經營」等演變，可依循林業政策的脈絡，根據臺灣森林經營歷史加以區分。

4.1.1　臺灣開發先期 (1895 年以前)

臺灣在未移民開墾之前，野生動物族群極為豐盛，山中無獅虎猛獸，最適宜鹿群繁殖，是為原住民最佳獵物。臺灣開發始於 400 多年前，時當明嘉靖年間 (1522 ～ 1566)，至 1624 年荷蘭人入臺，此可稱為臺灣之先林業 (Pre-forestry) 時期。

早年 (1500 年代) 原住民族偶有渡海貿易，倭寇則登岸焚掠，迫使原住民退避深山密林。16 世紀初至 17 世紀末，臺灣原住民已向大陸沿海及日本平戶供應林產品，如鹿皮 (服飾用)、蘇木 (染料用) 之類。明朝天啟 4 年 (1624)，荷蘭人自澎湖侵犯臺灣，開始經營臺南附近並加以拓墾，開啟臺灣原始林業之史程。歷經荷蘭時期 (1624 ～ 62)、明鄭時期 (1662 ～ 83)、清領時期 (1683 ～ 1895)，以至日人入據 (1895)。此時期 (1624 ～

1895) 專業學術尚未興盛，不知如何經營森林，僅墾荒、畬田、獵鹿、伐木、熬 (樟) 腦、課徵而已，故稱「原始林業」(姚鶴年，2011)。清代雖未在臺大規模開採林木，但對樟樹採伐利用甚多；1690 及 1725 年兩度在臺設立造船廠並開辦軍工料館供料，沿山樟樹概歸官有，匠首伐樟之餘准私熬樟腦以帶動產業；1887 年臺灣開設縱貫鐵路，特設伐木局入山採樟作為枕木。臺灣樟腦生產占全球總產量 3/4，最盛時期 1886 ～ 95 年，年均外銷量 108 萬公斤 (18,000 擔)。至臺灣割讓前夕 (1894 年)，因全臺人口成長，農林爭地之勢未見改善，故墾山種茶與伐樟熬腦皆為本島中北部森林破壞的重要因素 (姚鶴年，2009)。

4.1.2　日治時期 (1895 ～ 1945 年)

日本在臺之民政長官提出「臺灣行政一般」調查報告，揭示日人據臺長期策略之基準，其主題：

❶ 日本移民 ❷ 番民教育 ❸ 樟腦事業 ❹ 山林原野 (姚鶴年，2001)。臺灣林野除能確證為民有林野外，皆應歸為官有，由殖產局設課執行林野調查及整理，以供現代化經營。1914~25 年之 12 年間，日人就林野調查之官有林野 713,324 公

頃中，區分為要存置林野（要作為國有而存置者）309,683 公頃，不要存置林野（不要作為國有而存置者）386,544 公頃，合計 696,227 公頃（97.6 %）。林野既經整理，官有民有之主權確定，而要存置之官有林野應訂定其經營利用計畫。1925 ～ 42 年間執行森林事業計畫，期間官有林野面積為 2,337,032 公頃（外澎湖縣），內除大學實驗林、日資許可地、處分預定地外，計有 1,834,651 公頃（78.5 %），先於 1925 ～ 35 年間完成第一期 29 事業區（3,076 林班）施業案之編訂，面積 877,630 公頃，林木蓄積 113,865,692 立方公尺；嗣於 1938 ～ 42 年勉力完成第二期 11 事業區（513 林班）施業案，面積 616,927 公頃，兩期 40 事業區（3,589 林班、19,357 小班），合計面積 1,494,557 公頃，林木蓄積 183,025,924 立方公尺。

日人深知臺灣森林為可再生之資源，利之所在不僅為林產物之收穫利用，抑且注重森林繁殖（造林），而於水源涵養、土石捍止、風沙防制等護林護土效用尤為關注，故能採取原則、設置專司、任用專業、釐訂章程、取締違法、調查資源、獎勵造林、發展利用等措施，臺灣林業經營之道自此納入正軌（姚鶴年，2001）。日人據臺 50 年間（1895 ～ 1945），林務機制之演變及有關法規之變動，全為林產（作業）與林政（含林務）之分合問題所困擾，分未久而合，合未久又分，先後達 5 次之多；即使合一以治，而林政與林產之孰為輕重亦爭執難定，故時而林政領導林產（殖產局下設立營林所），時而林產駕馭林政（殖產局之林務單位併入營林局）。

臺灣造林事業，在日人入據初期（1900 年代）即已開始從事樟樹及相思樹造林，謀長期供應製腦原料及薪炭原料，進而推行保安林造林（分治水林、水源林、海岸林三類）、伐木跡地造林、熱帶樹種引進造林、施業案造林，並獎勵民間造林，民營造林因以興起，逐漸成為造林事業之主流。臺灣每年自產木材一向不敷供應而仰賴進口彌補，1912 ～ 41 年間合計自產原木 4,832,634 立方公尺，輸入材 4,735,182 立方公尺，輸出材 353,844 立方公尺，得自用材 9,213,972 立方公尺。第二次世界大戰期間，木材輸入輸出便告停頓，有賴提高自產量至年均 672,780 立方公尺（實際濫伐量超過此數），大部分供應軍需，民間用材則採統一管制。1900 ～ 42 年戰爭結束前，累計造林面積 352,889 公頃，其中政府造林 102,971 公頃（29.2 %），民間造林 249,918 公頃（70.8 %）（姚鶴年，2009）。

1895 年日本領有臺灣，臺灣成為日本版圖內唯一的熱帶林業地域，為利用臺灣豐富的林業資源，臺灣總督府隨即展開林業開拓和實驗事業。1895 年 8 月，總督府設立「民政局殖產部林務課」，10 月公布「臺灣官有林野及樟腦製造業取締規則」，確認官民林野產權、森林業主權、樟腦製造及林木伐採開墾之權限。1896 年 1 月於臺北小南門外設立「苗圃」，為臺灣近代林業試驗與森林

調查機關之開端。11 月制訂「森林調查內規」，陸續招聘日本林業專家來臺進行林野調查，逐漸奠定臺灣近代林業調查與發展之基礎。1901 年專賣局成立，森林調查日益深入，1915 年 7 月，總督府增設營林局，從此，殖產局、專賣局、營林局成為分掌臺灣近代林業開拓和試驗調查之中央機構。

臺灣總督府的林野行政大致分成四條軸線展開：

❶1895 年 10 月公布日令 26 號《臺灣官有林野及樟腦製造業取締規則》，以區分舊政府時代官民之間林野產權的問題，確認森林業主權及林木伐採開墾之取締。

❷1896 年 9 月，發布敕令第 311 號《官有森林原野及產物特別處分令》，制定林野貸下、預約出售及林產物出售。

❸ 樟腦專賣制度及製腦事業之整理。

❹ 設立臺北苗圃與恆春熱帶植物殖育場，進行林業相關的基礎實驗。

日治時期林業重心在於林野經營與林產利用，特別是樟腦製造、原木用材及薪材的開採。根據推估臺灣樟木蓄積量約 900 萬立方公尺，總督府視為重要財源，1903 年公布「粗製樟腦樟腦油專賣法」，確定樟腦專賣制度。1930 年代之前，臺灣樟腦與樟腦油產量約佔世界 70%，至日治末期樟腦歲收達 1,000 萬圓。1919 年，總督府發布「臺灣森林令」，正式將臺灣山林納入殖民地法制，全面支配臺灣林業資源，並有計畫地進行開採。

官方伐木以阿里山林場、太平山林場和八仙山林場最為重要；1912 年，阿里山林場開始伐木出材，日治時期三大林場伐木面積達 18,000 公頃，開採木材約 460 萬立方公尺。民營伐木事業幾為日籍材商壟斷，全臺各地約有 70 家，採伐林田山、木瓜山、望鄉山、香杉山、大元山、太魯閣大山、鹿場山等林場；1922 ～ 45 年，年平均生產製品材積約 22 萬立方公尺。至日治末期，統計全臺國有林約 150 萬公頃，材積約 1 億 8,300 萬立方公尺，已處分材積約 1,700 萬立方公尺。1922 年至 1942 年，臺灣森林收入達 2,000 萬圓，顯示總督府對臺灣林業的經營和利用，收到可觀的經濟效益，使臺灣山林成為日本帝國重要之財源 (吳明勇，2009、2010)。

4.1.3 以林養林時期 (1946 ～ 1970 年)

臺灣光復初期，林業政策之重點在於保護森林、恢復林相，以林養林、採伐林木出售以籌措養林。光復後至 1958 年間，林務首長頻繁更動，因各有施政方針，而致林業政策不確定。因此於 1958 年訂定公布臺灣林業政策及經營方針，期許臺灣林業應在保續經營原則下，為全體國民謀取永恆之福利；注重森林保安之功能，保持水土、減少旱澇，捍止風沙以保護農工業生產；調節氣候，美化環境，以增進國民康樂；發揮森林生產之功能，永續供應國民所需之木材及

其他林產品；發展森林工商業，增加國民就業機會，促進社會繁榮（李桃生，2012）。臺灣林業政策及經營方針既重視國土保安，又兼顧財務收入，故各年伐採木材量在 150 ～ 200 萬立方公尺之間（焦國模，2005）。臺灣林木年伐量自 1946 ～ 50 年平均每年 45 萬立方公尺，而 1950 年代年均大幅增加，至 1958 年突破 100 萬立方公尺，1964 ～ 65 年年均伐木量曾逾 160 萬立方公尺，此後每年維持約 150 萬立方公尺伐木量（姚鶴年，2009）。

4.1.4 森林多目標經營時期（1971 ～ 1990 年）

由於臺灣為一海島，中央山脈縱貫南北，山勢陡峻，土質鬆脆，一遇豪雨，崩坍時生，若林地覆蓋破壞，則有水土流失、山崩河塞之虞，故於 1975 年 6 月，行政院通過臺灣林業經營改革新方案三原則：

❶ 林業之管理經營，應以國土保安之長遠利益為目標，不宜以開發森林為財源

❷ 為加強水土保持工作，保安林區域範圍應予以擴大，減少森林採伐

❸ 國有林地應儘量由林務局妥善經營，停止放租放領，現有木材商之業務，應在護山保林之原則下，逐步予以縮小，以維護森林資源。依此三原則，1976 核定臺灣林業經營改革方案，森林經營目標以國土保安、發揮森林最大之公益功能為主，減少森林砍伐並朝森林資源保育、森林遊憩等多目標發展。森林的自然保育工作，

林務局於 1964 年進行珍貴稀有動、植物族群量的調查工作，1974 年曾在武陵七家灣溪投入櫻花鉤吻鮭之復育試驗等工作，同年為保育珍稀鳥類藍腹鷳及其棲息地，劃設公告臺灣第一個自然保護區「出雲山自然保護區」。1981 年後，陸續公告自然保留區、野生動物保護區及野生動物重要棲息環境（顏仁德，2003）。

1985 年 12 月 13 日全盤修正「森林法」全文 58 條，將林業經營改革方案最重要之原則入法（李桃生，2012）。修正之森林法第一條即揭櫫立法宗旨是為保育森林資源，發揮森林之公益及經濟效用，而在各篇章包括林政、森林經營及利用、保安林或森林保護之條文，在在都強調林地林木之保護及森林國土保安長遠之利益。

1970 年代初，由於工業原料材需求迫切、推行林相變更造林之林班處分壓力以及木材加工業產品市場拓展等因素，1972 年年伐量達 180 萬立方公尺最高峰；1974 年後政府因應經濟社會局勢，推行森林維護政策，逐年降低採伐量，1990 年開始降至不足 20 萬立方公尺，且立木處分交由民營而不再由政府直營伐採（姚鶴年，2009）。

4.1.5 永續經營、生態系經營時期（1991 年至今）

1989 年林務局改制為公務預算機關，在經營方向上有所變革，於 1990 年將林業經營改革方案修訂為臺灣森林經營管理

方案，主要目標為採保續經營原則，為國民謀取福利，積極培育森林資源，注重國土保安，配合農工業生產，並發展森林遊樂事業，增進國民之育樂。臺灣地區林業政策隨著社會環境的改變，已經由開採林業、育成林業、公益林業等階段，進入生態林業時期。2001 年度起，林務局所轄國有林事業區更規劃全面採行以「森林生態系經營」為基礎的永續經營計畫 (黃裕星，2000)。

然而自 1999 年 9 月 21 日南投集集大地震以後，林業政策完全以保育為主，更以生物多樣性保育為主軸。從 2010 年起，由於氣候變遷加劇，政府採取下列之調適策略：

❶ 強化林地管理，避免不當開發造成林地損失

❷ 環境敏感地區限制林木採伐，並研議予以合理補償

❸ 繼續推行綠色造林，擴大獎勵範圍

❹ 強化森林健康及降低脆弱性，確保森林永續經營

❺ 保存及利用林木遺傳資源，提升育林及管理技術，營造永續木材生產之健康優質森林 (李桃生，2012)。

本期之重要森林政策包括：平地景觀造林及綠美化方案 (2002)、國有林地分區及經營規範 (2003)、國有林事業區林地收回計畫 (2003)、林業文化資產活化 (2004)、加速國有林事業區租地造林地補償收回、違法濫墾濫建地區，收回土地廢耕還林、辦理劣化地復育，恢復自然環境生態 (2007)、環境敏感地區具公益效能之森林限制採伐補償計畫 (2014)、國產材元年 (2017)、國土生態保育綠色網絡建置計畫 (2018) 等，詳細內容請參閱林務局民國 90 年之後年報資料 (https://www.forest.gov.tw/0000106) 或本章 4.3 「現有重要森林資源政策」一節。

4.2　政策工具（政策推動手段）

政策工具 (Policy instruments) 是將政策目標轉化為具體政策行動，藉由適當的工具或手段，有效執行以達成預期目標；不同的政策目標，所需的政策工具也隨之不同。政策的有效推動與執行，往往取決於政策工具的適當運用；因此，政策工具的選擇攸關政策執行的推動成敗 (吳得源，2006)。大部分政策工具均具有可替代性，政策執行也涉及適當政策工具的選擇問題。以 Howlett and Ramesh(1995) 的綜合性政策工具光譜架構，依序說明三大政策工具類別及其各自涵蓋的細類工具與內容。

依據國家涉入提供貨品與服務的程度，建立一政策工具的光譜架構，並將一般政策工具區分成三大類 (如圖 4-1)：自發型 (voluntary)、強制型 (compulsory) 及混合型 (mixed)，形成由自發至強制的光譜架

構（丘昌泰，2004；Warbroek et al.,2013），總共涵蓋 10 類的政策工具，計有：直接提供、公營事業、訂規範管制、課稅與使用者付費、財產權拍賣、補貼、訊息與勸導、市場、自發性組織、家庭與社區（吳得源，2006）。其綜合三大類以及對應細別工具大致呈現如下圖：

▲ 圖 4-1　政策工具光譜圖
資料來源：修改自 Howlett and Ramesh(1995)、吳得源（2006）

4.2.1 案例說明

4.2.1.1 社區林業（自發型政策工具）

1990 年開始，社區林業（community forestry）成為林業經營新趨勢，世界各主要國家不但將其納入森林政策中，更積極推動該計畫。我國林務單位自 2002 年底開始執行相關計畫，當時計畫名稱為「社區林業—居民參與保育共生計畫」，鼓吹「林業走出去，民眾走進來」的社區林業理念，旨在鼓勵居民參與、凝聚共識，並與社區民眾及民間組織形成伙伴關係，協力推動生物多樣性保育、永續森林生態旅遊及相關林業建設，藉以落實森林生態系永續經營（黃裕星，2009）。2004 年 8 月該計畫更名為「社區林業計畫（Community Forestry Program, CFP）」，並於 2005 年配合行政院各部會共同推動「臺灣健康社區六星計畫」，加強執行與環保生態相關自然生態保育策略之施政計畫（行政院農業委員會林務局，2006），希望藉由計畫推行培育社區人才，讓社區經由對生活周遭生態環境之認知，推動精緻小眾生態旅遊，進而活絡原住民傳統文化傳承，活化山村社區或農村社區的生態產業發展（李俊鴻等，2013）。

走過社區林業 15 年，從組織共識到人才培育，從資源保育到利用特色資源發展

經濟，隨著時間演進，臺灣的社區林業在各地呈現不同的樣貌，經 15 年的累積，產生許多社區林業案例及人才，然而大家共同面對的是環境快速變遷，各地需要更具環境和經濟永續性的發展模式，來解決目前所面對的困境，尤其是日漸成型的社區產業，如何與世界必然趨勢的綠色產業、藍色經濟、低碳經濟、循環經濟等思潮接軌，以環境永續為基礎的社區林業發展，需要更多的人才及跨領域專業的整合。林務局於 2017 年成立「社區林業中心」，期盼透過「社區林業 2.0」的進階，以培養更多「社區林業」及「山村循環經濟」的種子。藉由中心的運作平台，跨域合作、整合資源，逐步建構社區營造、社區組織經營，社區生態旅遊，林下經濟、友善環境生產、文化活化利用、自然資源永續經營，以及創新一、二、三級農業產業價值鏈等知識體系及專業服務，透過多元參與的力量，提升社區、部落的價值與競爭力（文化部台灣社區通，2017）。

4.2.1.2 造林獎勵金〔混合型政策工具〕

依過去臺灣私人營林意願之研究結果，概可分為兩個面向：其一，從實質利益來考量：由於臺灣私有林之單戶林地面積小、木材價格長期偏低、勞力不足、造林成本高、投資報酬低及回收慢等問題，導致營林意願普遍低落〔林俊秀，1993；羅紹麟、林喻東，1993〕。有些林主採任其林地荒廢或超限利用改種高經濟價值作物，造成森林生態環境的破壞，

危及國土保安〔任憶安、林俊成，1997；任憶安等，1998；李久先等，2007〕。其二，從私有地主的社會責任來分析，焦國模〔1981〕指出私人不願依從社會之需要來經營森林，無非因經濟及能力兩種原因，故政府對依據公益原則經營森林而有所損失者應有所補償，對無力經營者應予協助，而最有效者當屬經濟補助。

然而早從 1951 年開始，政府為獎勵在已荒蕪保安林地進行造林，公布「臺灣省營造保安林獎勵辦法及施行細則」，以免納租金、無價採取主副產物為條件，鼓勵民間投資營造保安林〔任憶安、林俊成，1997〕。後續由於各種不同的獎勵造林政策，訂定各種造林獎勵相關之辦法或要點，諸如：「臺灣省獎勵私人造林實施要點」、「獎勵農地造林要點」、「獎勵造林實施要點」、「綠海計畫直接給付及種苗配撥實施要點」、「平地造林直接給付及種苗配撥實施要點」等，藉此來提高私有林主的造林意願。

從農地造林、全民造林運動、平地造林至綠色造林等一系列的獎勵造林政策中，其主要精神在鼓勵私人投資造林，重點是以經濟誘因以補貼並鼓勵造林，而其主導權仍在私人〔林國慶、柳婉郁，2007〕。整體而言，地主之造林意願越高，則經營意願也就顯著越高。若政府運用適當的政策工具激勵地主的造林意願，同時亦能達到提高經營意願的效果。而政府亦可在造林獎勵政策提出不同提供者與受益者的設計。例如，可由企業出

資造林或與地主契約造林，所增加的造林面積，能做為提升企業形象或得到碳抵減量額度，而地主則由經營林地的過程即能保有穩定的收入，政府亦能減輕發放造林獎勵金的財政負擔，一般民眾則因綠覆蓋面積的增加得以享受森林的多元環境效益，此可謂多贏的局面（林俊成等，2010）。

4.3 現有重要森林資源政策

4.3.1 中長程公共建設計畫

行政院農業委員會自 2000 年起，以 4 年為 1 期，提出相關森林資源經營計畫，即「中長程公共建設計畫第 1 期（民 90 ～ 93 年）、第 2 期（民 94 ～ 97 年）、第 3 期（民 98 ～ 101 年）及第四期（民 102 ～ 105 年）農業建設計畫－加強造林及森林永續經營計畫」。最新 1 期為「森林永續經營及產業振興（民 106 ～ 109 年）計畫，前 4 期計畫之延續性統籌計畫，以合理運用森林資源，籌劃符合生產、生活及生態的「永續林業」，及致力生態保育，架構國土生態保育綠色網絡，達成「生態臺灣」為施政願景。計畫內容包含 5 項子計畫，分別為「國家森林永續經營」、「森林多元利用及林產發展」、「國有林整體治山防災及林道維護」、「國家自然保育」及「試驗林示範經營」，各項子計畫內容及目標如下：

一、國家森林永續經營

推動全國森林資源監測體系及永續經營管理規劃、森林保護及林地管理、劣化地復育造林、森林育樂發展、自然步道系統發展與維護、保安林經營管理等工作，並加強辦理國有人工林撫育，提升疏伐量能，促進森林健康。其子計畫目標：

❶ 建置森林生態系長期監測體系，掌握國家森林資源現況。

❷ 健全森林保護管理，建立森林護管機制，落實國土復育及保安。

❸ 加強劣化地復育及造林撫育，恢復自然生態及厚植森林資源。

❹ 落實人工林合理經營，建構永續生產體系。

❺ 塑造優質環境場域，提供多元、健康及文化教育的遊憩機會。

❻ 透過輔導社區協助林地巡守及社區林業，加強在地居民之參與合作，逐步建構共管機制並達到永續經營與發展之目標，提升山村經濟。

二、森林多元利用及林產發展

依據 2007 年 APEC 決議，在 2020 年前要再增加區域內森林覆蓋面積 2,000 萬公頃，依國土面積換算我國所佔比例，需增加造林面積 11,550 公頃，自 97 年起至 104 年植樹造林面積總計 30,714 公頃，已達成階段性任務，爰自本期起納入森林永續經營及防災保育計畫辦理。發給獎勵金方式輔導私人及企業團體造林，持續撫育核定有案之平地造林及山坡地

獎勵造林，加強公有閒置土地、社區等造林綠美化，加強造林及營造健康的森林以提昇生活環境品質，辦理公私有林經營及林產產銷輔導，提高林業的經濟價值，促使傳統林業升級，將林業由造林伐木生產之初級產業，提升至二級加工、或林業精品化之三級產業；全面性進行樹木疫、病、蟲害防治及樹木保護工作，以避免森林資源減損、國土流失，降低外來入侵種危害本土生態及物種；設置整建平地森林園區，發揮其森林多功能效益及生態價值，營造國民優質遊憩體驗及親近自然之場域，帶動園區周邊區域產業發展、增加社區部落就業機會與經濟收益。其目標：

❶ 透過政府獎勵措施，提高農民參與造林意願，持續撫育核定有案之獎勵造林地，加強公有土地及社區植樹綠美化，提昇環境品質。

❷ 輔導公私有林經營與林產產銷，協助公私有林林主（管理機關或森林所有林人），採取符合 FSC（Forest Stewardship Council，森林管理委員會）之永續森林經營模式，加強森林撫育作業，營造完善之森林環境；辦理公私有林資源調查，進行國產材生產規劃，整備友善環境及高效能生產設施系統，提高國內木材自給率。

❸ 盤點合於森林永續性發展之林下經營森林副產物技術體系，與原住民族建立森林產物共管機制，合理永續使用森林資源；促進林產業轉型，延伸生產事業的價值鏈，促使傳統林業升級。

❹ 加強林木疫病、蟲害防治，確保樹木保護與林木健康管理。

❺ 設置整建平地森林園區，結合生產、生活、生態與文化、休閒、觀光，發展平地綠境休閒產業。

❻ 監測平地造林對環境、生態與社會經濟之影響，提供農民及相關造林單位相關造林撫育技術、作業體系及將來利用之基礎資訊。

三、國家自然保育

持續建立國內野生物的管理制度，提供民眾合法市場，以降低國內野生物非法使用的風險，並減少國外入侵種危害國內生態環境之虞；管理維護臺灣自然保護區域及自然地景區、維護生物多樣性保育、永續利用及全國的生態保育工作，控制入侵種生物、推動劣化棲地之保育，與「推動野生動植物合理利用之管理模式計畫」相互配合，整體推動自然保育工作，加上永續性森林經營是 2015 年聯合國森林論壇之全球目標，計畫納入「綠資源維護」子計畫，名稱修正為「棲地保育」，期能發揮加乘效益，俾利全國自然保育工作各項業務的整合及推動，並配合總統重視回復原住民族使用森林資源之傳統權利相關政策，新增辦理原住民部落自治管理的先驅試辦計畫，漸進式提高部落自主管理比重。其子計畫目標：

❶ 定期檢討野生動植物物種族群與分布，保育與復育瀕危物種，維護生物多樣性。

❷ 建置保護區經營管理架構與模式以及資訊透明化；建立與在地社區尤其是原住民部落夥伴關係，以消弭衝突，增進保護區的效能。

❸ 積極輔導部落狩獵自主管理，建立示範部落，永續利用野生動物資源，並強化監測及查核，兼顧原住民族傳統文化及生態保育。

❹ 妥善處理人與野生動物的衝突。

❺ 防患新外來入侵種入侵，清除現有入侵種，減緩消弭其對本地物種與棲地環境的影響。

❻ 加強建立國際間政府和非政府合作和聯繫管道。

❼ 結合環境教育，推動生物多樣性保育教育。

四、國有林整體治山防災及林道維護

鑑於民國 98 年莫拉克颱風、101 年蘇拉颱風，造成山林嚴重崩塌及森林遊樂區聯外道路多處損毀；另 104 年蘇迪勒颱風重創北臺灣，林務局所轄新竹處及羅東處受災嚴重，致災後復建經費極為拮据，故為加速集水區崩塌地復育及利推動國有林治山防洪工作及相關經費整合，爰將前期工作整合為「國有林整體治山防災及林道維護」子計畫，並分為「國有林整體治山防災」、「林道改善與維護」2 細部計畫，統籌辦理全國國有林及保安林治山防災及林道整修維護工作，創新研擬治山防災工程生態影響減輕對策，以落實生態友善，達成國土保安及森林防災之效。其計畫目標：

❶ 減緩洪峰流量及土石災害，發揮森林區水源涵養功能。

❷ 抑制國有林地二次土砂災害，調節土石下移避免淤高河道。

❸ 辦理崩塌潛勢相關研究，提供相關單位防災整備參考

❹ 維護森林遊樂區聯外交通暢通，促進森林生態旅遊。

❺ 辦理林道改善與維護，強化林業管理效能、增進行車安全。

❻ 強化工程生態措施，推動疏伐木構造設施，優先考量治理工程影響最小化，並補償工程對棲地造成的損失，降低工程對生態與環境的衝擊，營造友善野生動物之棲地環境。

五、試驗林示範經營

主要由林業試驗所執行國有試驗林地之經營管理，其計畫目標：

❶ 加強試驗林經營管理，建立多元化育林體系，維護試驗林之完整性，強化作業

研究及示範功能。

❷ 現有林道網品質之改善，確保經營作業順利進行。

❸ 辦理森林生態系之示範經營與監測計畫，建立長期監測系統，以調適性經營之手段，尋求試驗林最適當的生態系經營模式。

❹ 加強各植物園之解說和展示內容，以及生態監測及森林自然教育之相關研究，作為未來經營管理及自然教育推廣決策之參考，強化並滿足社會大眾、科學研究團體、政府機關對於植物保育、自然教育及休閒遊憩之需求。

4.3.2 其他重要森林資源政策

目前政府積極推動「前瞻基礎建設計畫」，而林務局於前瞻基礎建設中，提出水環境：縣市管河川及區域排水整體改善計畫（106-113 年）、加強水庫集水區保育治理計畫（106-110 年），以及軌道建設：阿里山森林鐵路 42 號隧道計畫（107-111 年）（林務局，2018）。另為借鏡

國際提倡里山倡議經驗，跨域整合，與農業、交通、水利政府單位及民間夥伴協力推動友善環境，透過點、線、面的串連，架構整體國土綠色生態網絡保育架構，嘗試營造人與自然和諧共生的環境，使臺灣生態系更為健全，提出國土生態保育綠色網絡建置計畫 (107 至 110 年)。

國土生態保育綠色網絡建置計畫主要工作項目如下：

一、國土生態綠色網絡建置

其主要目的在於界定生態保育核心區域與保育熱點、界定生態保育核心物種，盤點全國各機關與單位之生態調查與監測資料，及推動生態熱點區域縫補與串連工作，以建置國土生態綠色網絡。首先須界定國土重要生態保護區域與熱點，及釐清生態敏感、高脆弱度、低韌性與高風險地區。接著根據生態保育核心區域與熱點界定結果，透過取得之生態資料庫、圖層與相關盤點與生態調查之發現，系統性進行風險評估，以診斷生態環境高風險地區分布，及形成高風險原因。另界定重要生態物種、瞭解與盤點各單位目前建置之重要生態或物種檢核與追蹤機制、溝通與協調建置共通之生態檢核與追蹤系統，以建置適用於不同單位之生態檢核與追蹤系統平臺，以更進一步奠定國土綠色網絡系統建置之基礎。為利於綠色生態網絡建置，及推動高風險生態環境與地區之保育，可進一步檢討現行野生動物保育法、文化資產保存法、國土計畫法等相關法規與保育政策，以利於相關保育工作推動。透過上述工作成果，依地區環境特性、社會經濟條件、地區文化與生態物種特性，建置與串聯全國生態綠色網絡，及提出因應與調適之保育與生態維護策略。

二、高風險生態與環境系統之保育

針對前述評估之高風險生態環境地區，提出對應之保育策略。如沿海地區之生態造林、串聯海岸生態棲地、地層下陷區與珍貴物種棲地營造。生態敏感區之經營與管理、漁業與海洋生態資源維護，以增加生態敏感區之韌性。農田、水梯田、河川、森林跨域整合，營造重要生態廊道。交通道路兩旁綠帶、農田水圳網路，友善生態通道之建置。整合、縫補與連結山脈、淺山、平原、海岸間之河川、水庫、湖泊及其兩岸生態綠帶，以強化生態綠帶之連結，形成良好生態廊道。

三、營造友善、融入社區文化與參與之社會 - 生態 - 生產地景和海景

由林務局等相關公部門、學術和試驗研究機構、社區和民間團體等實務工作者，及相關組織、綠色企業等參與「臺灣里山倡議夥伴關係網絡」(Taiwan Partnership for the Satoyama Initiative, TPSI) 的相關工作，尋求多元財務機制和資源，鼓勵與支持夥伴間之合作與個別計畫。借鏡國際相關環境友善農業政策和計畫，擬訂臺灣鄉村社區「社會－生

態－生產地景與海景」保全活用策略，例如：擬定增加環境友善農業誘因的綠色給付、生態系統服務給付相關辦法、發展並推廣綠色保育標章認證制度等政策研究；從事「里山倡議」和生態農業的相關研究；鼓勵國內相關機構和組織加入國際里山倡議夥伴關係網絡 (IPSI)，學習他山之石和分享我國成果；促進「里山倡議」實務工作者、研究者和政策制定者之間互相學習和研討，培育保育相關人才；發展適地適用的實踐案例，並透過國內和國際里山倡議夥伴關係網絡相關會議和資訊平臺，分享臺灣「里山倡議」實踐範例的成果；整合在地文化特色與生態資源，以鼓勵綠色產業發展，及培育地區文化創意與社會企業。

4.4 練習題

① 請說明政府於 1975 年訂定「林業三原則」之主要內容及對後續林業發展之影響。

② 造林獎勵金為一種混合型政策工具，試說明在林業經營的主要意義為何？

📖 延伸閱讀 / 參考書目

🌲 文化部台灣社區通 (2017) 社區林業 2.0 共通課程。文化部。https://communitytaiwan.moc. gov.tw/Item/Detail/%E7%A4%BE%E5%8D%80%E6%9E%97%E6%A5%AD2_0%E5%85%B1% E9%80%9A%E8%AA%B2%E7%A8%8B。

🌲 丘昌泰 (2004) 公共政策：基礎篇 (第二版)。巨流圖書公司，370 頁。

🌲 任憶安、林俊成 (1997) 臺灣私有林造林獎勵方式效果的評估－林農反應調查報告。臺灣林業科學 12(4): 393-402。

🌲 任憶安、塗三賢、吳萬益 (1998) 臺灣私有林農對現行修訂之造林獎勵反應的初步調查。臺灣林業科學 13(2): 139-146。

🌲 行政院農業委員會林務局 (2006) 2005 年林務局年報。行政院農業委員會林務局。https:// www.forest.gov.tw/0001420。

🌲 行政院農業委員會林務局 (2018) 林務局重大政策。行政院農業委員會林務局。https://www. forest.gov.tw/policies。

🌲 李久先、顏添明、許哲維 (2007) 私有林主經營意願與造林獎勵方式關係之探討—以台中縣為例。林業研究季刊 29(1): 39-50。

🌲 李俊鴻、王瓊霞、陳郁蕙、陳雅惠、陳凱俐 (2013) 臺灣社區林業生態產業間接效益之價值評估。應用經濟論叢 93: 43-82。

▲ 李桃生 (2012) 農業 100 年精華－百年林業承先啟後。農政與農情 237: 10-15。https://www.coa.gov.tw/ws.php?id=2445336。

▲ 吳明勇 (2009) 林業。文化部臺灣大百科全書。http://nrch.culture.tw/twpedia.aspx?id=3768。

▲ 吳明勇 (2010) 治林以法：日治時期臺灣林業政策。臺灣學通訊 44: 6-7。

▲ 吳得源 (2006) 政策工具：分類與使用。T&D 飛訊 48: 1-10。

▲ 林俊成、王培蓉、柳婉郁 (2010) 臺灣獎勵造林政策之實施及其成效。林業研究專訊 17(2): 16-21。

▲ 林俊秀 (1993) 林農林業經營意願與經營行為之關係。林業試驗所研究報告季刊 8(2): 149-157。

▲ 林國慶、柳婉郁 (2007) 全民造林政策之執行成果與政策分析。農業與經濟 38: 31-65。

▲ 姚鶴年 (2001) 臺灣森林史料圖文彙編。行政院農業委員會、中華林學會，246 頁。

▲ 姚鶴年 (2009) 林業史。文化部臺灣大百科全書。http://nrch.culture.tw/twpedia.aspx?id=1700。

▲ 姚鶴年 (2011) 臺灣林業歷史課題系列之 (九) －臺灣百年林業之軌跡 (1895 ～ 2000)。臺灣林業 37(1): 81-89。

▲ 黃裕星 (2000) 生物多樣性與森林生態系經營。農政與農情 101：39-46。https://www.coa.gov.tw/ws.php?id=2483。

▲ 黃裕星 (2009) 社區林業實務推展與研究方向。林業研究專訊 16(4): 1-4。

▲ 焦國模 (1981) 林政學。臺灣商務出版社，384 頁。

▲ 焦國模 (2005) 林業政策與林業行政。洪葉文化事業有限公司，471 頁。

▲ 顏仁德 (2003) 保育為主之林業政策。臺灣林業 29(6): 3-8。

▲ 羅紹麟、林喻東 (1993) 臺灣地區混農林業經營之研究。國立中興大學實驗林研究報告 15(2): 57-82。

▲ Howlett, M., and M. Ramesh (1955) Study Public Policy: Policy Cycles and Policy Subsystem, Don Mills, Ontario: Oxford University Press. 239pp.

▲ Warbroek, B., C. L. de Boer, and J. T. A. Bressers (2013) Assessment of the state of the art in studies on the implementation and effectiveness of various types of climate policy instruments in the European Union: Room for improvement in the Netherlands. Project Report for EU FP7 Complex. University of Twente, the Netherlands.

第一單元　林業政策原理

世界森林政策

撰寫人：黃名媛、黃裕星　審查人：林俊成

5.1　國際重要森林組織與公約（黃名媛撰）

全球現今面臨嚴峻的環境議題，其中氣候變遷與生物多樣性喪失最受關注，也因此引申出許多社會議題，如扶貧與永續發展等。聯合國為此先後發展與制定重要公約與發展目標，本章節主要介紹永續發展目標、氣候變化綱要公約及巴黎協議、亞太經濟合作會議與雪梨宣言等。

5.1.1 聯合國全球永續發展目標 (Sustainable Development Goals, SDGs)

5.1.1.1 聯合國 2030 永續發展議程

人類社會的發展歷程中，隨著經濟成長也對環境產生相當程度的衝擊。在 2000 年聯合國千禧高峰會中，由來自 189 個國家的領袖發布了一分「千禧年發展目標」(The Millennium Development Goals, MDGs)，規劃到 2015 年能夠達到以下 8 項目標：消滅貧窮飢餓、普及基礎教育、促進兩性平等、降低兒童死亡率、提升產婦保健、對抗病毒、確保環境永續與全球夥伴關係。隨著時間流逝，千禧年發展目標有不錯的進展，如

▲ 畫境 / 圖片來源：林務局影音資訊平台

貧窮人口降至 12%、孩童死亡率減少將近 50% 等。然而這期間，聯合國認為仍有許多議題需要改善或者尚未解決，如性別平等，爰於 2012 年召開「第三屆聯合國永續發展大會」（又稱 Rio+20），發表「我們想要的未來 (The Future We Want)」文件。

至 2015 年 9 月，聯合國召開永續發展高峰會，公布了「轉型我們的世界—2030 永續發展議程 (Transforming our World: the 2030 Agenda for Sustainable Development)」或稱 2030 議程，將 Rio+20 的共識進一步研訂「永續發展目標 (Sustainable Development Goals, SDGs)」。該議程包含序、宣言、17 個目標與 169 個具體目標、執行方法與全球夥伴關係、追蹤與檢視等 5 章。其中「17 個目標與 169 個具體目標」是議程的核心內容，強調永續發展需兼顧經濟成長、社會進步與環境保護三面向，指出全球面臨共同的問題，呼籲全球合作實踐永續發展的目標。

永續發展議程包含以下 17 項目標 (Goals)：

目標 1. 消除貧困 (no poverty)：消除各地一切形式的貧窮。

目標 2. 消除飢餓 (zero hunger)：達成糧食安全，改善營養及促進永續農業。

目標 3. 良好的健康環境 (good health and well-being)：確保健康及促進各年齡層的福祉。

目標 4. 優質教育 (quality education)：確保有教無類、公平及高品質的教育，同時提倡終身學習。

目標 5. 性別平權 (gender equality)：實現性別平等，並賦予婦女權力。

目標 6. 潔淨水資源和衛生條件 (clear water and sanitation)：確保所有人都能享有乾淨的水及達到應有的衛生條件，以及相關之永續管理。

目標 7. 可負擔的潔淨能源 (affordable and clean energy)：確保所有人都可獲得負擔得起、可靠的、永續的以及現代化的能源。

目標 8. 合適工作和經濟成長 (decent work and economic growth)：促進包容且永續的經濟成長，達到全面且有生產力的就業，讓每個人都有一分合適的工作。

目標 9. 工業化、創新及基礎設施 (industry, innovation and infrastructure)：建設有復原力的基礎設施、促進包容與永續的工業化、推動創新。

目標 10. 減少不平等 (reduce inequalities)：減少國家內與國家間的不平等。

目標 11. 永續城鄉 (sustainable cities and communities)：建設包容、安全、有復原力和永續的城市與人類社區。

目標 12. 負責任的消費與生產 (responsible consumption and production)：確保永續的消費與生產模式。

目標 13. 對氣候變遷採取行動 (climate action)：採取緊急措施因應氣候變遷及其衝擊。

目標 14. 水下生命 (life below water)：保育與永續利用海洋資源提,供永續發展。

目標 15. 陸域生命 (life on land)：保護、維護及促進陸域生態系的永續利用,永續經營森林,對抗沙漠化,終止及逆轉土地劣化,並遏止生物多樣性的喪失。

目標 16. 和平、正義與健全制度 (peace, justice and strong institution)：促進和平且兼容並蓄的社會,以落實永續發展；提供司法管道給所有人；在所有階層建立有效的、負責的及包容的制度。

目標 17. 夥伴關係 (partnerships for the goals)：強化永續發展執行方法及活化永續發展,建立全球夥伴關係。

隨著集體行動,各國承諾完成2030議程,期望可以達到全球永續發展目標。前述所發展出來的 17 個永續發展目標,可適用於所有國家,透過持續的數據分析,可以檢視每一目標的缺口與挑戰,在永續發展目標中,伴隨著169個具體目標,每一細項需要更進一步的闡述,將重點放在可量測的結果上。故而資料獲取與統計分析即扮演重要角色,透過協調全球資料產生 (data-generation) 提升資料品質、涵蓋性與取得性,可以建構強健的檢核機制,同時影響著永續發展目標的成功與否。在國家層級,各國可依據國情,發展各自的國家願景、策略、行動方案與政策工具。儘管方式不同,最終目的皆是希望能夠實現永續發展的願景。最後,要提高全球總體經濟的穩定性,亦要重視國際間的全球合作,包括政府、民間團體與聯合國體系的積極參與,因此作法與措施亟需政府內與政府間的政策協調與連貫。

5.1.1.2 聯合國森林策略規劃 2017-2030 (黃裕星撰)

2000 年 10 月,聯合國經濟和社會理事會 (the Economic and Social Council of the United Nations,簡稱 ECOSOC) 建立了「聯合國森林論壇 (the United Nations Forum on Forests,簡稱 UNFF)」。這是個擁有全球會員的高階政府間組織,為所有森林問題相關事項的聯合國協調中心,主要目標在促進全球森林的經營管理、保護和永續發展,監督會員國政府的長期政策效力。森林論壇每年召開會議,旨在加強對森林問題的長期優先關注,促進森林問題的合作和協調對話,並為森林問題的有效應對提供包含經濟、社會和環境視角的全面整合建議。

2017 年 1 月 20 日,在聯合國森林論壇期間,197 個成員國就第一個聯合國森林策略規劃 (The first UN Strategic Plan for Forests 2017- 2030) 達成了協議。該規劃為 2030 年的全球森林提供了積極性的願景,包括到 2030 年將擴大世界森林面積 1.2 億公頃的目標。森林策略規劃於 2017 年 4 月 27 日由聯合國大會通過,

重點有三：

一、森林策略規劃包含一系列 6 個全球森林目標，以及到 2030 年將達到的 26 個相關目標，這些目標是自願和普遍的。

二、策略規劃目標是到 2030 年將全球森林面積增加 3%，相當於 1.2 億公頃，面積超過法國面積的兩倍。

三、以 2030 永續發展議程的願景為基礎，並體認真正的變革需要聯合國系統內外的決定性集體行動。

有關聯合國森林策略規劃之詳細內容，請見延伸閱讀：The first UN Strategic Plan (2017-2030) for Forests (http://aims.fao.org/activity/blog/first-un-strategic-plan-2017-2030-forests)

5.1.2 聯合國氣候變化綱要公約 (United Nations Framework Convention on Climate Change, UNFCCC)

氣候變遷、全球暖化及溫室氣體排放等議題，近年來受到國際社會高度關注，聯合國大會於 1990 年決議設立「政府間氣候變化綱要公約談判委員會」。該委員會於 1992 年的大會提出並通過「聯合國氣候變化綱要公約」，並在 1994 年 3 月正式生效。為有效落實，該公約規定每年必須召開一次締約方大會 (Conference of Parties, COP)。 第 1 次締約方大會 (COP1) 於德國柏林舉行，之

後每年於不同國家辦理。氣候變化綱要公約強調與重視森林所扮演的角色，在每次的締約方大會中，都不斷強調森林的重要性。回顧歷屆締約方會議，最重要的會議之一為 1997 年於京都舉辦的 COP3，其產出最具體的協議文件：京都議定書 (Kyoto Protocol)。該議定書的生效條件為達到 55 個並占全球排放量 55% 以上的締約方簽署同意後始能生效。因此一直到 2005 年，俄羅斯簽署同意後，京都議定書才正式生效。

京都議定書的溫室氣體排放減量目標設定，以 1990 年的排放量為基礎，主要排放國家 (已開發國家為主) 於 2008~2012 年間，對二氧化碳等 6 種溫室氣體 (greenhouse gas)，須各自達成減少 5% 以上的排放水準，同時提出利用碳保存、碳替代以及碳交易等手段，以降低全球溫室氣體排放。然而，由於主要的排放大國，如美國與中國等，並未同意執行京都議定書，加上其他參與國執行成果亦不如預期，致使京都議定書於 2012 年最終未能達到其設定目標。為持續推動京都議定書減量目標，加上其仍為國際間，唯一具約束力的溫室氣體減量協議，因此在卡達舉辦的 COP18 中決議，延長京都議定書效期至 2020 年。

隨著 2020 年將至，2015 年於巴黎舉辦的 COP21 主要任務即是產出新的溫室氣體減量協議：巴黎協議 (Paris Agreement)，被視為承接京都議定書階段性任務完成後，下一個具約束力的國

際溫室氣體減量協定。巴黎協議的生效條件與京都議定書相同，包括 55 個溫室氣體排放總量占全球 55% 以上的締約方同意後，才產生效力。其中特別需要關注的國家，包括美國與中國兩大溫室氣體排放國，在會議中持正面態度並積極參與談判，推估通過生效門檻所花費的時間可能會較京都議定書來的短。而巴黎協議的三大重點如下：

一、以工業革命時期之前為基準值，期望 21 世紀末全球升溫控制在 2°C 以下，並追求限制升溫 1.5°C 目標。

二、在 2020 年前，每年籌措 1,000 億美元作為氣候基金，投入溫室氣體減量工作，以協助開發中國家溫室氣體減量。

三、每 5 年檢討各國自主減量貢獻及減量目標執行成效，並進行滾動式調整，縮小缺口。

氣候變遷議題歷經多年的討論與執行經驗，巴黎協議針對溫室氣體的減量責任進行調整，同時重視土地部門的溫室氣體排放。首先在減量責任上，以往大多要求已開發國家 (如京都議定書的附件 1 國家)，有義務且必須積極進行溫室氣體減量，並達到全球減排的目標；而對於開發中國家，則以鼓勵主動減量取替強制要求。然而，在實際情況下，開發中國家仍免不了追求經濟成長，進一步導致能源使用或土地開發的增長，增加溫室氣體排放量，且抵銷了先進國家執行溫室氣體減量的成效。因此在巴黎協議中，明白揭示：溫室氣體排放減量，不應區分已開發或開發中國家；國家減量責任，從過去京都議定書由上而下硬性規範減量水準，轉變為由下而上的提交機制，由各國考量其國情與技術，主動提出適於自己國家的減量值，並由 UNFCCC 綜整計算是否達成整體減量目標與執行缺口，其後再透過巴黎協議每 5 年重新檢討自主減量貢獻的機制，逐步調整使最終能達成全球減量目標。

其次，巴黎協議亦著重在土地部門的溫室氣體排放。除了能源部門因為使用石化燃料而成為全球主要排放來源外，另一值得注意的排放源，則是土地開發使用所造成的碳排放；原未開發的天然林地，因為耕作或其他用地需求，砍伐森林將產生溫室氣體排放。同時，森林透過碳吸存固定二氧化碳的機制，一直都是頗受重視的減量策略之一，如京都議定書的清潔發展機制 (Clean Development Mechanism, CDM)，即是利用新植造林的方式，將森林生長所吸存的二氧化碳，加計在國家減量成果。因其提供的減量效果較其他能源等部門為低，過往森林碳吸存的減量效果，多僅作為國家減量策略的輔助措施；然而，如今土地利用需求所造成的森林砍伐，已成為溫室氣體重要來源之一。因此森林與氣候變遷的關係，從過去的「提供減量紅利」角色，逐漸轉變為「必須正視，並阻止因毀林所產生的排放量」。而過去因應氣候變遷有關林業部門議題，主要著眼在人工林的思維，也演變為天然林與人工

林並重（陳昱安，2016）。

此外，過往曾提倡的減少毀林與森林劣化的溫室氣體減排（Reducing Emissions from Deforestation and Forest Degradation, REDD）機制，亦在國際間獲得普遍共識。在 2010 年 COP16 坎昆會議，確定 REDD+（Reducing Emissions from Deforestation and Forest Degradation plus Forest Management）的政策與相關誘因。巴黎協議亦納入 REDD+ 概念，使其成為現階段土地或森林部門主要的減量機制，且把維護森林資源的減排措施，搭配相關部門的調適與整體管理策略，稱為聯合減緩及調適機制（joint mitigation and adaptation, JMA）。

臺灣在 2015 年 7 月制定公布的溫室氣體減量及管理法，受到國際矚目與正向鼓勵。同時臺灣政府也統整國內各產業部門溫室氣體排放資料與減量措施，並於 COP21 前提出我國預期自主減量貢獻值。另一方面，我國森林資源以保育為主，對林地開發使用有嚴格的限制，不但沒有毀林造成的排放問題，高森林覆蓋率也持續固定二氧化碳。在良好的森林經營成果之下，未來將可望在農業部門減量貢獻估算中，提供有利的基礎。

5.1.3 生物多樣性公約（Convention on Biological Diveristy, CBD）

全球人口的急遽增加，產生了許多問題，其中生物多樣性的喪失是目前迫切嚴重的環境議題之一。維持生物多樣性的必要性，一則因為多樣的物種可穩定生態系統，使生態系對自然的破壞或人為的衝擊更具有抵抗力；另一方面，生物資源一旦消失難以恢復，將造成永久的損失。此外，生物多樣性的喪失與人類的活動息息相關，尤其經濟活動更影響著生物多樣性的保存。為了因應生物多樣性喪失的問題，聯合國在 1992 年遂成立生物多樣性公約。依據公約規定，在獲有三十個聯合國會員國同意締約的九十天之後，此國際公約即生效。1993 年 9 月蒙古成為第三十個簽約國家，故公約於 1993 年 12 月 29 日生效。

生物多樣性公約強調每一國家對其境內之生物資源享有主權，且認為國家應負有保育其國家境內之生物多樣性，並以永續經營方式利用生物資源。因此，生物多樣性公約成立最主要的目的，即是要透過該公約締約國的努力，來推動與落實公約的三大目標：保育生物多樣性、永續利用其組成以及公平與合理利用由遺傳資源所產生的惠益。

生物多樣性公約包含四十二條正文以及兩個附件，主要的內容包括：目標（第一條）、原則（第三條）、保育與永續利用措施（第六至十一條）、遺傳資源之取得（第十五條）、技術之取得與轉讓（第十六條）、生物技術之處理及其利益分配（第十九條）、資金（第二十條）、財務機制（第二十一條）、公約之相關機構（第二十三至二十五條）以及爭端之解決（第

二十七條)。

在 CBD 的架構下有兩項特殊意義值得注意。首先，CBD 把如何執行公約條款留給各國自主決定，此係 CBD 所有條款都表現在目的和政策上，而非強制性的義務。CBD 強調主要的決策權在於各國，和其他保育公約不同之處在於，CBD 沒有附錄亦無需要保育之物種和棲地之清單。其次，CBD 強調締約國可以在未來的會議中不斷的協商附件和議定書 (protocol)。

為有效落實，該公約同樣透過締約方大會 (Conference of Parties, COP) 進行相關保育工作的實行。回顧歷屆締約方會議所產出的文件或議定書，與林業最為相關當屬 2010 年 10 月於日本名古屋舉辦的 COP10，日本政府與聯合國大學高等研究所 (UNU-IAS) 所提出的里山倡議 (the Satoyama Initiative)。里山倡議闡揚社會生態生產地景 (Socio-Ecological Production Landscapes)，係為人類與自然長期的交互作用下，形成的生物棲地和人類土地利用的動態鑲嵌景觀，並且在上述的交互作用下，維持了生物多樣性，並且提供人類的生活所需。在這類的地景中，自然資源在生態系統的承載力與回復力的限度下，得以循環使用，當地傳統文化的價值和重要性也獲得認可，有助於在維持糧食生產、改善民生經濟和保護生態系統等三者之間取得最佳平衡 (李光中，2011)。

在全球推動人與自然和諧共生的里山倡

議精神中，林務局與相關政府機關陸續應用與推廣，各地秉持里山倡議精神、從事農村生產地景保全活用的社區愈來愈多，也益加蓬勃發展。林務局自 2009 年開始從水梯田的角度切入溼地生態系復育，2010 年帶進國際里山倡議概念，希望帶動原鄉產業的發展，找回人對土地的認同，重建里山、里海生活的樣貌。目前里山倡議理念已在各地開花，有許多民間團體依里山倡議精神深耕發展，未來將結合各區夥伴，進一步展開國土生態綠網計畫，從示範區走向網絡化、系統化的發展；從中央山脈軸線，沿著河川或公路的綠帶、灌溉水圳的藍帶到海岸區，配合生態造林、動物通道、友善生產等策略，串聯森川里海，搭建全國綠色生態保育網絡。

5.1.4 亞太經濟合作會議 (Asia Pacific Economic Cooperation, APEC)(黃裕星撰)

APEC 為澳洲前總理 Bob Hawke 於 1989 年倡議而成立的亞太地區經濟論壇，該論壇希望經由各成員經濟體 (Economies) 部長間的對話與協商，尋求亞太地區經貿政策之協調，促進亞太地區貿易暨投資自由化與區域合作，維持區域成長與發展。目前 APEC 為亞太地區最重要的多邊經濟合作論壇之一，其成員經濟體涵蓋東北亞、東亞、東南亞、大洋洲、北美及中南美洲共 21 個全球重要經濟體。APEC 之運作以共識決 (consensus) 及自願性 (voluntary) 為基礎，藉由各經

濟體間相互尊重及開放性的政策對話，達成區域內共向經濟繁榮之目標。

在過去發展過程中，健全的森林管理與森林政策的落實，造就了森林面積覆蓋增加、減少貧窮、改善民生等，同時亦有效減緩和調適全球氣候變遷。因此，APEC 意識到森林議題對於區域發展的重要性，於 2007 年在澳洲舉辦的第 15 屆經濟領袖會議中，通過了「雪梨宣言」。

雪梨宣言針對氣候變遷、能源安全及清潔發展的工作議程提出承諾。對於未來的行動中，以全面性、尊重不同的國內情勢及能力、彈性、低及零排放之能源技術的重要角色、森林及土地使用的重要性、促成開放的貿易及投資以及支持有效的調適策略等論點，支持一個公平且有效的後 2012 國際氣候變遷協議。同時在雪梨宣言中所提到的行動議程，作出以下幾個重要決定：(1) 為強調提高能源效率的重要性，將努力達成 APEC 區域內期望的能源密集度低目標，至 2030 年至少降低 25%(以 2005 年為基準年)。(2) 努力達成 APEC 區域內森林覆蓋的期望目標，到 2020 年至少增加 2,000 萬公頃各類型森林；此目標若能達成將可吸收大約 1.4 億公噸的碳，相當於約 11% 的全球年排放量 (以 2004 年為基準年計算)。(3) 建立亞太技術論壇網路 (APNet)，以加強區域內創新研究的合作，尤其在諸如清潔化石能源及再生能源的領域。

(4) 建立亞太永續森林管理及復育網路 (APFNet)，以加強在林業部門的能力建構及資訊分享。(5) 在環境商品及服務的貿易、航空運輸、替代及低碳能源使用、能源安全、海洋生物資源保護、政策分析能力及共同受惠方法等進一步措施。接著在 2010 年日本橫濱的領袖會議宣言中，再次重申與強調，應努力實現雪梨宣言目標，並指示各經濟體官員為此採取具體行動，加強合作應對非法砍伐和相關貿易問題，推動森林復育與永續經營。

在美國、澳大利亞、中國的主導之下，APEC 自 2011 年起，每 2 年由各經濟體輪流主辦林業部長級會議 (APEC Meeting of Ministers Responsible for Forestry, MMRF)；由於並非每一會員體均設有林業部，故以部長級會議取代部長會議。茲將歷屆部長級會議之閉幕宣言簡述如下。

5.1.4.1 首屆 APEC 林業部長級會議

首屆 APEC 林業部長級會議於 2011 年 9 月 6-8 日在中國北京召開，我國以中華台北名義，由農委會主委陳武雄為團長，率領林務局代理局長李桃生、林試所所長黃裕星及外交部代表等一行 13 人與會。會議討論主題為「強化區域合作，促進綠色成長及永續林業發展」，計有 21 個經濟體及林業相關國際組織與民間

企業參與。會後發表「北京林業宣言」如下：

一、保持和進一步增強對森林保護、復育和永續經營管理的政治意願。

二、通過現有國際組織，如聯合國森林論壇、國際熱帶木材組織、及蒙特婁宣言等林業相關協定的執行，促進在森林的保護與森林永續經營的共識。

三、加強經濟體間森林永續經營的合作，包括考慮運用創新的資金機制，促進綠色成長。

四、加強 APEC 各經濟體間，在林業政策及管理上的溝通與合作，特別是促進對永續的林產品投資和貿易，加深林業在經濟與技術上合作，進行森林的多目標利用，提供各類產品和服務；打擊盜伐，促進合法林產品貿易，並通過 APEC 設立的專家小組加強此領域的能力建構。

五、推動務實合作，保護、復育和永續利用森林資源，特別是透過在地居民和鄉村社區等利益團體，積極參與區域林業倡議、技術合作以及其他加強區域間森林永續經營的各項措施。

六、強化經濟體間彼此交流資訊及經驗，發展更密切的合作，例如透過聯合國糧農組織 (FAO) 亞太林業委員會、亞洲森林夥伴關係，以

及亞太森林永續經營與復育網絡 (APFNet) 等現有區域林業組織，推動森林永續經營。

七、鼓勵 APEC 經濟體加強植樹造林，防止毀林和森林劣化，增加森林面積，提高森林品質，考慮以社會、環境、經濟永續發展的最佳方式，實現 2007 年「雪梨宣言」的目標。

八、鼓勵發展森林在減輕自然災害影響及災後恢復方面的訊息交流；以及加強在監測和預防跨界森林病蟲害和外來物種領域的資訊交流，防止森林劣化。

九、進一步強化林業機構，提升林業經營能力和提升林業資金的籌措，以適應經濟、社會、環境快速發展對林業所提出的新要求。

十、完備林業法規和政策的制定，以對森林進行有效的治理和林地保護，建立穩定的林權制度，加強森林法的執法。

十一、鼓勵保護、復育及合理利用森林資源，提高森林品質，增加森林碳匯功能以應對氣候變化；保護與合理利用野生動植物和濕地資源，防治土地劣化和荒漠化，保護生物多樣性。

十二、促進森林產業的發展以增加就業機會，幫助森林周邊社區發展並改善山村生計，以達成綠色成長。

十三、建立跨部門政策協調機制，加強
彼此間的合作，並鼓勵不同部門
參與森林經營，以減少政策衝突
對林業的衝擊。

十四、鼓勵科技創新，加速林業科技與
經濟的融合，加強林業領域的能
力建構和研究發展，透過技術移
轉、技術分享及應用創新融資機
制，以新的科學和技術研發，促
進林業創意的發展。

十五、強化對民眾的教育，特別是對林
業法規、生態保育的重要性以及
對永續林業實踐的認識。

5.1.4.2 第二屆 APEC 林業部長級會議

第 2 屆 APEC 林業部長級會議於 2013 年
8 月 14 日 -16 日在秘魯庫斯科 (Cusco)
舉行，計有 19 個經濟體參加，我國由
農委會陳保基主委擔任團長，率林務局
李桃生局長、林業試驗所黃裕星所長、
外交部國際組織司暨農業委員會人員等
計 10 人參加。會後發表庫斯科宣言 (2nd
APEC Meeting of Ministers Responsible
for Forestry - Cusco Statement) 如下：

一、延續並加強支持亞太地區的森林永
續經營、森林保育以及森林復育相
關工作。

二、透過對木材及非木材林產物、服務
與應用之研究、創新及示範，提昇
森林在新興的綠色經濟中的重要
性。

三、促進政策、技術和投資，增進所有
森林資源使用者 (包括原民住及當
地社區) 的福祉。

四、藉由推廣吸引投資者的林業政策，
例如：健全的森林法規、有效的森
林經營與管理架構、市場導向的林
業相關辦法 (例如森林認證) 及對
社會和環境的保護等，加強業界對
APEC 經濟體森林永續經營的投資，
其中包含：技術和市場的提昇。

五、理解並認同原住民族群、地方社區
以及其傳統知識在森林永續經營中
所扮演的角色，應加強傳統知識與
森林經營以及與其他產業部門的連
結。

六、理解森林議題在森林永續發展之基
礎下與其他產業之整合的重要性，
以發展全面協調之經濟。

七、提昇環境教育並強化對決策者、社
區、非政府組織及私部門森林相關
資訊的提供，以支持其理解、經營、
保護及監測森林之舉措。

八、鼓勵國際與區域組織適時的幫助以
及支援 APEC 各經濟體，評估及監
測森林覆蓋率、森林生物多樣性、
以及森林和森林生態系統服務功能
在多面向之經濟體中所扮演的角
色。

九、加強亞太經合會經濟體間的技術合
作，並進行政策制定與森林經營技

術層面的分享與討論，且於不同層面推廣森林永續經營。

十、加強並建立各級政府、當地非政府組織、業界以及民間團體之森林永續經營的執行能力。

十一、鼓勵地區性森林產業的發展，以提高就業率以及創造永續來源產品的附加經濟價值，並發掘及加強其產品在國內以及國外市場之競爭力。

十二、維持且強化 APEC 經濟體對打擊非法採伐林木及相關貿易的努力，包括透過相關教育計畫，以及在各經濟體間推廣合法林產物，並支持各經濟體的能力建構計畫。

十三、理解林業部長會議之重要性，以促進經濟體間在林業方面的合作，並鼓勵各經濟體以森林永續為主題實現領袖宣言，且適時召集並舉辦相關會議。

十四、在 APEC 框架或符合 APEC 程序下，適時建立林業政策夥伴關係對話機制，以確實執行相關林業計畫，實現 APEC 森林目標，但要精簡相關的 APEC 工作結構。

十五、認同並了解森林之產品與生態系統服務，對於當地經濟以及鄉村和城市社區的貢獻，並將這些貢獻納入當地的主計制度、政策發

展以及各層級計畫之考量因素。

十六、將森林永續經營以及保育納入各經濟體政策發展之考量，並將森林資源所帶來之正面效益提升到最大，且將其他部門對森林之負面影響降至最低。

十七、與其他和 APEC 林業目標有所連結之國際組織保持良好的合作與溝通。

5.1.4.3 第三屆 APEC 林業部長級會議

第 3 屆 APEC 林業部長會議於 2015 年 10 月 26 -29 日在巴布亞紐幾內亞莫士比港 (Port Moresby, Papua New Guinea) 召開，計有 16 個經濟體參與。我國仍由農委會陳保基主任委員擔任團長，率林務局李桃生局長、林業試驗所黃裕星所長、外交部國際組織司暨農業委員會人員等計 9 人參加。會後發表了 Eda 宣言 (3rd APEC Meeting of Ministers Responsible for Forestry - Eda Statement) 如下：

一、吾等係各經濟體部長以及資深官員，在 2015 年 10 月 27 ～ 29 日參加於巴布亞紐幾內亞莫士比港舉辦之第 3 屆 APEC 林業部長會議：

二、理解 2015 年 APEC「建立包容經濟，打造美好世界」的主題，強調森林必須永續經營，以達成亞太地區長期的永續社會經濟發展；

三、在第 3 屆 APEC 林業部長會議中，

討論以下主要議題，關注「打造永續及強韌社群」相關主題：支持永續森林經營、森林復育，減緩與調適氣候變遷之影響、維護及加強打擊非法採伐及相關貿易面臨的挑戰、公私部門就機制的相關對話、吸引並維護林業發展及林業資源適切投資的政策及實務；

四、重申 2010 年於日本橫濱發表的 APEC 領袖宣言，宣言中各國領袖同意加強合作，指示公務人員採取實際措施，以達成 2007 年雪梨宣言就增加森林覆蓋率所提出的目標。APEC 領袖也呼籲加強合作，以解決非法採伐林木及相關貿易的問題，並推動永續森林經營及復育；

五、回溯 2011 年夏威夷檀香山 APEC 領袖宣言，其中承諾致力採取適當措施，以杜絕非法盜採林產品及貿易，並展開其他行動，以打擊非法採伐及相關貿易；

六、肯定 2012 年海參崴領袖宣言，其中承諾加強打擊林木及其它林產品的非法貿易；採取適當措施，確保永續森林生態管理；推動永續、開放而公平的非木質林產品貿易；

七、重申 2013 年 APEC 林業部長會議的庫斯科宣言，強烈承諾達成 2020 年前亞太地區森林面積至少增加 2,000 萬公頃之目標；

八、分別根據 2011 年北京宣言及 2013 年庫斯科宣言，考量「打擊非法採伐林木及相關貿易專家小組 (EGILAT)」及「亞太森林永續經營和復育網絡 (APFNet)」的任務；

九、肯定各政府及國際組織的努力，及永續森林經營、打擊非法採伐與相關貿易、改善森林管理與執法、提振合法收穫之木製品貿易等的相關進程；

十、樂於採納近期採行的林業相關目標及 2030 年永續發展議程目標；

十一、理解 APEC 經濟體的相關進展，如亞太森林永續經營和復育網絡 (APFNet) 及聯合國糧農組織 (FAO) 之「邁向 APEC 2020 森林覆蓋率目標進展評估」所記載；

十二、肯定森林扮演的重要角色不只關乎仰賴森林者的生計，也關乎廣大的全球社會，特別是減緩及調適氣候變遷，我們期望：

❶ 持續鼓勵實施具體行動，增加亞太區域森林面積，以達成 2020 年前各種森林面積至少增加 2,000 萬公頃之目標；

❷ 提出欲達成雪梨領袖宣言、全球森林及永續發展目標之落差及挑戰；

❸ 鼓勵 APEC 經濟體透過亞太森林永續經營和復育網絡 (APFNet) 分享資訊及實務作法，並透過其他雙邊及多邊合作促進永續森林經營，包括提倡林業合作，以及 APEC 經濟體之間的政策對話；

❹ 透過 EGILAT 增加 APEC 經濟體間的合作，打擊非法盜伐及相關貿易，提振合法採伐林產品貿易，並根據 EGILAT 擬訂之「對於非法採伐及相關貿易的一般認知」及「木材合法性指南架構」培養能力；

❺ 持續透過 EGILAT 分享有助打擊非法伐木及相關貿易的資訊、執法實務及政策，並且推動合法採伐林產品之貿易；

❻ 針對改善 APEC 區域森林管理所採用之工具及機制，分享獲得的經驗及教訓；

❼ 肯定農業、林業及其它土地利用次部門的跨領域合作，以達成永續森林經營；

❽ 肯定並提倡相關政策與機制，就發展林業及合法採伐林產品之貿易，促進投資之公平透明；

❾ 支持鼓勵永續森林經營及有效森林執法的教育課程；

❿ 培養林業所有利益相關者永續經營森林的能力；

⓫ 肯定、支持並鼓勵研發，將森林各方面的利益與價值發揮到最大；

⓬ 肯定民間對永續森林經營的努力，並透過適切的政策架構給予協助。

5.1.4.4 第四屆 APEC 林業部長級會議

第 4 屆 APEC 林業部長級會議，於 2017 年 10 月 30 日 ~11 月 1 日在南韓首爾舉行，行政院農業委員會指派林務局局長林華慶 (團長)、林業試驗所所長黃裕星，以及外交部代表等 9 人組團出席。本屆 APEC 林業部長會議共有 18 個經濟體出席，會議主題在呼應 2017 年 APEC「創新動能、促進共享未來」的主題，針對增進亞太地區森林覆蓋面積、促進打擊非法砍伐木材及相關貿易之合作、創造森林就業機會、發揮森林公益與福祉、森林未來展望等。

經過二天的討論，大會發布第 4 屆 APEC 林業部長會議首爾宣言 (Seoul Statement)，重申森林在實現亞太經合會支持亞太地區永續經濟成長和繁榮目標的重要性，回應 APEC 領袖對森林在氣候變遷減緩和調適具有重要作用的認可，並特別強調森林永續經營對實現聯合國永續發展目標 (SDGs) 發揮重要作用。內容如下：

一、加速達成 2020 年增加 APEC 區域森林面積 2,000 萬公頃以上的目標；

二、透過管道強化各經濟體之協調合作及資訊分享，尤其是「打擊非法採伐林木及非法貿易專家小組會議 (EGILAT)」，以加強合作打擊非法採伐及相關貿易；

三、進一步促進 APEC 個經濟體之合作，增進合法收穫的林產品貿易，以增加林業收入及國際貿易機會，進而分享合法收穫之經驗育資訊；

四、促進森林健康、生產力及韌性，以在提供森林基本產物與服務之同時，減緩及調適氣候變遷效應；

五、促進山村經濟再生 (revitalization)，提升依賴森林為生計者之收入及就業機會；

六、推動關於森林遊憩、療癒 (healing)、教育及福祉等成功政策之分享及執行；

七、加強與國際組織以及區域組織合作，包括 FAO、ITTO、UNFF，以及 APFNet 等，以共同面對林業部門之經濟、社會、環境等問題之挑戰；

八、第四屆林業部長會議之成果將至 APEC 領袖會議及其他相關林業論壇分享，以強調林業在達成 APEC 目標的重要性。

5.2　國際森林資源政策案例

5.2.1 日本森林資源政策 (黃名媛撰)

日本的森林面積占其國土總面積的 66%，比率高於臺灣，同樣是日本國民生活不可或缺的「綠的社會資本」。日本政府近幾年，對於國內林業振興不遺餘力的推動且頗具成效；以「森林及林業基本法」為基礎，於 2016 年 5 月公布最新的「2016 年森林及林業基本計畫」，以期日本的森林及林業能夠永續發展。該計畫分成

❶ 森林及林業相關的政策施政基本方針；

❷ 充分發揮森林所具有的多功能及有關林產品的供給與利用目標；

❸ 政府針對森林及林業所實施的綜合性政策措施；

❹ 推展森林及林業綜合性計畫時應注意的事項等四個單元。

由於日本數十年來積極推展人工造林相關事宜，目前這些人工林已經進入可利用階段，所以日本產木材的供給量由 2009 年的 1,800 萬立方公尺，2015 年增加為 2,800 萬立方公尺，預估 2020 年可擴增為 3,900 萬立方公尺，顯示大多數造林政策已獲得具體的績效。然而，日本森林所在的位置，大多數位於偏遠的山區；目前日本人口結構的趨勢，處於少子化及老齡化社會，位處偏遠地域的山村人口凋零，成為國土保安的隱憂之一，也為確保林業所需人才及其繼承相關問題帶來相當多的困擾。

森林裡所需要的林道網，在開拓新的林道計畫及積極辦理道路的維修等多方面的努力下，已達到建構林道網的初步績效，對於樹木間伐的生產性、林業作業的集約化等帶來正面的效益。因此 2016 年新訂

的基本計畫，有必要持續辦理擴建林道網相關事宜，以符實情之需。

近年來日本國產木材的製材、合板，以及木質能源的開發與利用等，均呈現增加趨勢，對日本林業的自給能力與自給率帶來正面影響。然而，由於長期以來的私有林經營零碎化，在木材原料供給體制安定化相關事宜方面，有必要予以整合，期望能達到林業成長產業化的政策目標。

2016 年森林及林業基本計畫所訂定的目標，希望在推展森林及林業相關政策措施時，能夠以林主為基礎，針對所需辦理的森林整建與保護等相關事宜，促進林業與木材產業等相關活動，以及提供林產品消費相關事宜等業務，以期所有的森林及林業能夠充分發揮其多元化功能，達到維持並提升日本國民日常生活之所需。因此計畫以 20 年為期程，並預定每 5 年依「森林狀況所顯示的方向」，進行滾動式修正，做為執行以及檢驗基本計畫相關政策的重要參考依據。

同時林業就業人口老化以及勞力不足現象愈來愈嚴峻。日本國民希望森林及林業能夠充分發揮其所具有的多樣化機能，森林及林業產業相關人員希望提高作業集約化與效率化的趨勢下，林業相關的產官學界，本著分工合作的理念，積極辦理開發並且推廣高性能的林業機械，整合森林與林業資源，並且努力辦理高度資訊化相關事宜，整合並且強化國有林及私有林彼此間需要處理的相關事務，以及積極辦理促進日本國民了解森林及

林業重要性相關事宜，以期日本的森林及林業能夠實現永續發展的政策目標。

在「2016 年森林及林業基本計畫」中，同時也以努力建構健全的森林為重要的施政方針。其中以 2015 年日本的森林總面積為 2,510 萬公頃為基準年，希望到 2035 年時，森林的總面積仍能夠維持在此水準。其中單一樹種人工林面積，希望從 2015 年的 1,030 萬公頃，逐漸減至 2035 年的 990 萬公頃。混合樹種的人工林面積，由 2015 年的 100 萬公頃，逐漸增加至 2035 年的 200 萬公頃。此外，就原始森林的面積而言，為了維持日本國土的地貌及保安，不宜以人為的方式辦理快速開發，需要採取漸進的方式進行植被更新，所以希望原始森林的面積由 2015 年的 1,380 萬公頃，在 2035 年能夠維持在 1,320 萬公頃的水準。

木材的用途有製材用材、漿紙用材、合板用材、燃料用材及其他等項，2014 年日本合計總需求量達 7,600 萬立方公尺，但實際上的供給量只有 2,400 萬立方公尺〔自給率為 31.6％〕，呈現偏低的現象。預估 2025 年日本木材總需求量可能微增 4％達到 7,900 萬立方公尺，以及日本的人造林開始進入適合開採的情況下，希望日本木材的供給量可以提升到 4,000 萬立方公尺〔自給率為 50.6％〕。

在日本的「2016 年森林及林業基本計畫」中，希望森林能夠充分發揮其所具有的多功能所採取的主要政策措施包括：

一、積極辦理森林作業及林地整建的集約化、建構森林持續發展與確保生物多樣所需的資訊。

二、為了能夠促進並且確保造林業務能夠有妥適的更新計畫，宜積極辦理降低造林成本、確保優良的種苗、整建妥適的伐木制度、積極推展防止鳥獸為害等相關事宜，以符實情之需。

三、在人工林的樹木能夠順利成長，有必要進行妥適的樹木修剪等間伐相關事宜。

四、為提高森林作業的工作效率，應建構並且良林業專用道路網、識別傾斜地網等網路，以符實情之需。

五、針對森林確保生物多樣化相關事宜、將荒廢的農地或再生利用有困難的農地轉換成林業用地、研發降低花粉症相關事宜等業務，以期能夠建構健全的多功能的森林。

六、確保與儲存二氧化碳的吸收量、充分利用生質能源、減少二氧化碳的排放量等政策措施，努力履行巴黎協定中之防止地球暖化的國際責任。

七、受到全球性氣候異常常態化的影響，致使近幾年來日本因豪大雨等天災引發土石流等災變事故時有所聞，所以應積極建構妥適的保安林管理制度，以期能將災害所造成的損失降至最低。

八、因應時代潮流的變遷，以及確保森林所具有的多功能，有必要結合產官學的力量，積極辦理與林業相關的研發、人材培育與確保等相關事宜。

九、維持日本的森林及林業可以正常運作的山村，受到人口老化及少子化等因素的影響，呈現集落機能下降的困擾；因此有必要推展活用森林資源以期能夠開創山村的就業機會、建構地域森林妥適的保全管理機制、促進都市與山村的交流等與振興山村相關的業務，以符實情之需。

十、森林及林業在國土保安、確保生物多樣化、防止地球暖化等屬於大眾共享的貢獻頗多；因此，宜積極向日本國民宣導森林及林業的重要性，以期所需支付的社會成本，能夠獲得日本國民的支持。此外，宜積極推展以森林及林業相關事宜為主體，而日本國民可以參與學習、體驗的各種林業活動，以符實情之需。

十一、積極辦理森林及林業相關的國際交流活動，以期對於促進地球的環境保全、防止地球暖化等相關事宜有所貢獻。

日本政府為了促進林業永續健全發展，主要政策措施為：

(1) 建構符合日本林業相關人士理想中的林業架構：從活用金融與稅制方面著手進行降低林業生產成本相關事宜、加強伐木技能的學習與指導、促進林業組合

的活化、林業作業的集約化等，以期達到強化林業經營基礎，提高林業經營效率等政策目標。

(2) 為使日本的林業能夠朝永續發展的方向邁進，積極培育並確保林業所需的各種人才、訂定並努力實現市町村層級的森林整建計畫、積極辦理確保林業勞動力及安全相關事宜、降低林業災害發生率並且對於其損失給予必要的補貼，以符實情之需。

為了持續發揮森林所具有的多功能，使林業能夠健全發展，並對減少社會環境負擔有所助益，應積極推展確保林產品的供給與利用相關政策，其中之要項為：

一、迄至目前為止，日本的原木供給體制處於規模小且分散的狀況，在供需及流通等方面的資訊，呈現無法有效傳遞與利用的現象。因此需要積極辦理可以擴增原木供給的安定供需體制。

二、由於受到少子化及人口老化等因素影響，未來日本的木材需求量可能無法快速增加；因此宜以辦理整建木材加工及其流通體制、提升日本產林業加工品品質及其附加價值等方式，努力促進日本林業的永續發展。

三、爭取公共建築物及民間非住宅用建材使用木材、擴大木質能源使用量、配合擴大日本產農林漁牧產品及其加工品輸出政策中之強化林產品輸出的能力、努力研發木材新產品等

方式，開創木材的新需求，以符實情之需。

四、日本是世界著名的原木等林產品輸入大國；因此應隨時收集並分析包括 WTO、巴黎協定等國際林業相關規範，以期確保日本所需的林業貿易能符合時代潮流及國際規範的需求。

由於林野廳所管理的國有林分布範圍相當廣泛，且具有承擔確保森林多功能等重責；因此，應站在重視公共利益的觀點，在經營管理方面宜充分活用組織及技術等屬於官方所具有的優勢，努力推展促進林業成長產業相關事宜，並且與私有林的業者共同合作，以建構日本國民所共享的多樣化的健全森林為施政方針，以符實情之需。此外，值得關注的是，由私有林所組成的森林組合，在林業經營及林業的永續發展等方面，承擔許多的重責；因此，有必要積極辦理強化森林組合相關事宜，並且對於其之所需的人力、財力、物力等，給與必要的支援及補貼，以符實情之需。

5.2.2 美國森林資源政策（黃裕星撰）

5.2.2.1 林業資源與森林經營

美國不僅是森林資源大國，也是世界最主要的木材出口國和紙漿與紙製品輸出國之一。依據 FAO 至 2010 年的統計，美國的森林面積超過 3 億公頃，僅次於俄羅斯、巴西、加拿大，居世界第 4 位；其森林蓄積量達到 470.8 億立方公尺，僅次於

巴西、俄羅斯，居世界第 3 位。美國的森林面積約佔國土總面積的 33%。其中，用材林（指每年每公頃產材能力在 1.4 m³ 以上的林地）佔森林總面積的 66%；其他林（指每年每公頃產材能力在 1.4 m³ 以下的林地）約佔 29%；保留林（指根據法規禁止採伐的林地，如自然保護區等）佔 5%。而後兩者主要由聯邦政府部門（如農業部林務署 USDA/Forest Service、土地管理局、國家公園管理局、魚類和野生生物局、國防部等）所管轄。美國林務署除了制定與全美森林、草生地、水、野生動植物和旅遊資源等相關的法規政策，以及負責國有林的保護、更新與相關業務外，並為私有林和草生地管理者提供技術諮詢服務。相對於國有林主要由林務署管轄，州有林和私有林則由各州的林務機關管轄（例如在奧勒岡州為林務局，在華盛頓州為自然資源局）。而用材林若依所有權屬區分，73% 由私人或民營企業所經營，其餘 27% 則由聯邦政府、州政府或其他公共單位管轄。此外，美國的森林旅遊事業發達，每年可吸引遊客高達 15 億人次。

由於美國在政治上是採分權制的國家，50 個州可以看成是 50 個獨立個體，因此並未制定全國一體適用的《森林法》，但針對不同時期的國情需求，仍有由國會通過、總統頒佈的各種法規提供森林經營者明確的指導原則。為落實法規，林務署官員在廣泛聽取各方意見後，會編訂為期 10 年的國有林經營計畫，並每隔 5 年修訂一次，以確保達成預期目標。而各州也會根據自身的情況制訂相關法律，以規範當地的森林經營方式（例如規定單一伐採面積的上限、伐木時必須預留的濱水緩衝帶寬度等）。這種透過法治過程以推動林政，發展林業，保護森林的模式，正是美國森林經營制度的特點。

5.2.2.2 林業政策走向

從 20 世紀 90 年代開始，美國林業進入了以追求森林生態系健全發展為目標的階段。例如 1992 年美國國會通過了《森林生態系健康與恢復法》，開始一系列的森林生態系健康經營與監測活動。1993 年實施森林健康計畫，列舉出具體的經營措施包括：疏伐、林火防治、病蟲害防治等。1994 年實施林業永續發展專案，強調林業具有改善生態和保護環境的職責，必須承擔起伐採跡地更新，淨化水質和空氣，保護物種、棲地和生物多樣性的責任。

及至 21 世紀，美國亦透過加強科研、立法、推廣教育以及國際合作等途徑，進一步落實森林資源保護工作，以因應氣候變遷、能源短缺等嚴峻的挑戰。其中，2008 年推出的《食物、環境保護及能源法》，提升美國林務署在私有林保護、社區林業、公有地保護、文化遺產保護、森林恢復、森林保護區建設、森林生質能源建設等方面的角色與功能。而林務署在經營國有林的同時，也儘可能滿足民眾對於森林利用的各種需求。以 2012 年 5 月 9 日實施的「國家森林系統土地經營規劃」（National Forest System Land Management Planning）為例，即強調儘

速回復自然資源的重要，期使美國的國家森林系統 (National Forest System, NFS) 能適應氣候變遷，保護水資源，改善林木健康，以促進生態、社會及經濟等面向的永續發展，並能與「國家森林經營法」(NFMA) 及「多用途永續生產法」(MUSYA) 之目標一致。

另一方面，美國為減緩能源進口的需求，從早先發展玉米酒精 (corn ethanol)，或稱為第一代生質能源，到近期已將目標轉移到利用纖維素發展成生質能源，或稱為第二代生質能源。如此一來，既可解決生產玉米酒精對於生產糧食作物的排擠；又可避免第一代生質能源的能源含量 (content of energy) 偏低的困擾；同時可減緩木質生物量資源 (包括森林撫育、修枝、間伐、疏伐的殘材，木工廠剩餘的廢棄物，以及枯倒木或漂流木等) 的棄置問題；亦有鼓勵私有林主栽植短伐期林木 (例如楊樹類、柳樹類、桉樹類等)，做為生質能源人工林的誘因。而聯邦與各州陸續對此議題做出相應的修法與規劃 (例如採行政策性補貼，或訂定生質能源未來啟動的時程與混合的比例)，將有助於凝聚各界，加速推動此一產業的目標與決心。

有鑑於美國在過去 50 年間，地表平均溫度上升了華氏 2 度，風暴、熱浪、旱澇等極端氣候事件亦趨頻繁而嚴重，顯示全球氣候變遷已對美國的生態系統和國土安全造成重大威脅。是以，歐巴馬總統自從上任以來，即將調適氣候變遷、降低碳排放量，與減少美國對於傳統石化能源的依賴等，提升至影響國家安全的戰略性思考層次，並將「新能源經濟」或「低碳經濟」視為恢復美國經濟活力的重要契機。綜合上述，美國在面對未來林業的發展時，林政部門除將持續關注森林生態系的健全發展，發揮森林的多功能效益外，勢必會大力推動綠能產業的研發並爭取商機。而擴大美國在森林生質能源和森林碳匯產業的市場與實力，將有助於該國在新能源時代持續的領先與獲利。

5.2.3 加拿大森林資源政策 (黃裕星撰)

5.2.3.1 林業資源與森林經營

加拿大森林資源占全球森林的 10%，以及占有極北林區的 30%。由於開發較晚，加上人口稀少，天然森林植被保存完好，全國以天然林為主，其中原始林占 50%。根據 2005 年森林資源調查顯示，加拿大的森林面積為 3.1 億公頃，占全國土地面積的 33.6%。其中 2.95 億公頃位於非保護區，可供商業使用，全國並有 90 萬公頃的森林可達連年收穫。加國的森林資源以針葉林為主，約占森林總面積的 66%，主要的樹種有白雲杉、黑雲杉及落葉松；闊葉林占 12%，主要的樹種是白樺和香脂白楊；另有混交林占 22%。全國分屬 8 個林區，其中北方林區是最大的林區，跨越 7 個省份和地區，其面積相當於全國森林總面積的 82%。若將森林資源按所有權屬區分，省有林占 77%，聯邦有林占 16%，私有林僅占 7%，而且分屬於 45 萬個林主

所有。由於聯邦政府只負責管理直轄的 2 個區及各地的印第安保護區、軍事區和國家公園中的森林，未擁有生產性的森林，所以生產林 96％為省有林，其餘 4％為私有林。又依地理位置而言，加拿大西部地區 (如不列顛哥倫比亞省) 的木材徑級大，單位面積蓄積量多；東部平原地區 (如魁北克省) 則以小徑木為主，形成西部以木材加工業為主，東部為製漿造紙業發達的分佈格局。迄 2011 年為止，加拿大已有 1.5 億公頃的森林經過認證為永續經營的森林，其林產物主要銷往美國。而在森林遊樂方面，2011 年有 1,250 萬人次造訪當地的國家公園。

加拿大的森林資源不僅豐富，林產工業技術也十分先進。例如，已商業化的生質甲醇萃取計畫 (biomethanol extraction project)，與奈米纖維素 (nanocrystalline cellulose, NCC) 的商業量產，均為世界首例。而在節能減碳的具體作為上，截至 2012 年 3 月為止，紙漿和造紙的綠色轉型計畫 (The Pulp and Paper Green Transformation Program, PPGTP) 已產生近 200 兆瓦的可再生電力，相當於可供應魁北克省所有房屋需求的熱能，這使得該國在 2012 年紙漿和造紙工業的溫室氣體排放量，竟比 2009 年還降低 10％，成效可觀。

5.2.3.2 林業政策走向

一、森林資源經營政策

❶ 頒發森林經營執照且定期檢驗，以確

保林業公司合理經營

加拿大的森林經營模式主要是政府將國有林、省有林委託給林業公司經營。經營執照對於伐採量、伐採模式和伐採地點均有明確規定和嚴格限制。執照每 5 年檢驗一次，政府則根據該公司的森林資源經營績效來決定是否准其繼續經營。

❷ 制訂林業規劃和審核木材伐採計畫，以控管伐木區與伐木量

由政府林業部門負責協調林業企業和林業團體，針對林區的土地利用和經營條件，制定為期 20 年的林業規劃。再由省林務局木材伐採量分析辦公室的林業總工程師，依據分析報告決定伐採量，而該項報告必須能接受民眾的監督與查詢。為顧及經濟效益，政府林業部門會要求每 5 年要調整木材伐採計畫，同時也要求森林經營公司每 5 年要制訂一次經營伐採和更新造林計畫，並俟省政府批准後始可實施。特別要強調的是，森林經營計畫必須由認證合格的林業工程師參與制訂，以免發生弊端。而在計畫審核階段，必須有政府林業部門的官員到場核實；倘發現不實，除了計畫不能通過外，還要處罰負責制訂該項計畫的林業工程師。

❸ 發揮政府公權力嚴格監督伐木與審核制度

各林區之森林經營計畫一經核准，省政府林務局即派員加強伐採的監督與管理，一旦發現有未經批准的伐採，或有不按計畫的伐採，即可依照木材價值的 3 倍開罰。省政府並設有審計性質的獨立委員會，負

責對於林業企業和政府官員行使審核權。

❹ 建立新植造林與更新造林的基金，以提升造林效率

林業企業在進行林木伐採時，必須依規定向省政府主管部門繳納森林發展基金，以做為更新造林、重建森林與新植造林的費用。

❺ 實行森林分類經營，以促進經營的效率

根據森林的區位分佈、主體功能、環境條件和生物多樣性保護等目的，各省可將森林劃分為「商業伐採區」和「非商業伐採區」兩類，分別施行管理。商業伐採區的面積占加拿大森林面積的 56.2%，非商業伐採區則占 43.8%。在商業伐採區中，單一年度伐採面積不得超過劃定可伐採面積的 1%。即便是在此區，政府亦可針對具有景觀保護，以及魚類、重要動物的棲地，和影響森林永續經營的地區訂出特別的作業規範。例如，蓄積量未達每公頃 150 立方公尺的森林，因無法營利，即不得伐採。至於非商業伐採區包括有：野生動物活動場所，及水資源、生態或景觀保護區等。加拿大政府在非商業伐採區也劃設不同的保護等級，最嚴格的一級屬於無人活動區，占國土面積的 12%。

❻ 透過公眾參與和監督，以制訂森林經營政策

省級政府在制訂森林資源經營政策時，必須考量公眾利益。另在制訂長期規劃與年度採伐計畫時，亦需徵詢各方意見。藉由公眾參與形成決策，以接受全民監督。

❼ 加強林業科研，以提升森林經營績效

聯邦政府和省級政府皆將林業之科研經費納入其財政撥款計畫中，並將研發成果公諸社會。例如由聯邦政府所支持的太平洋林業研究中心等 6 個重點科研單位，政府投入的經費即占各該單位全部經費的 75%，主要進行包括木材伐採、加工技術和森林調查等相關研究。而林業企業亦可提供經費委請科研單位為其進行研究服務。

二、林產工業輔導政策

加拿大政府為提升林產工業的品質與規模，特別將補貼重點放在改善環保和提供企業競爭力等兩方面。2008 年至 2012 年並實施 3 項林業補貼的政策，分別是：紙漿和紙張的綠色改造計畫、技術轉型計畫和木材評估計畫。

❶ 紙漿和紙張的綠色改造計畫

本計畫始於 2009 年 6 月 17 日，止於 2012 年 3 月 31 日。計畫是為紙漿和造紙公司提供環保設備升級所需的資金，其法律依據是《自然資源部法案》和《森林法》。資助係以贈款的方式進行，必須將資金用於能明顯改善環境效益的重大專案上，受贈者必須是加拿大紙漿和造紙業的合格企業。計畫將根據這些企業從 2009 年 1 月 1 日 (起算日期) 到同年 5 月 9 日間所產生的廢水，以每公升 0.16 加元計算，對該公司提供資助。企業必須在 2012 年 3 月 31 日以前，將該筆資金用於已獲准能提供明顯環保效益的重大專案

(例如改善公司的能源效率或生產再生能源的能力)，資金的上限為 10 億加元。

❷ 技術轉型計畫

技術轉型計畫始於 2007 年 4 月 1 日，止於 2011 年 3 月 31 日。目標針對屬於競爭初期，且非專有的研究與開發提供資金，以期獲得新興的林產加工技術，例如森林生質能源、森林生物技術和奈米技術等均屬之。計畫的法律依據是《自然資源部法案》和《森林法》，援助方式係為財務資助。援助的對象為 FP innovations，它是加拿大的國家森林研究所。該計畫預算在 2008/2009 財政年度編列 2,000 萬加元，2009/2010 財政年度編列 2,560 萬加元。

❸ 木材評估計畫

木材評估計畫始於 1998 年 4 月，迄 2011 年 3 月結束。本計畫係為加拿大次級木製品的製造商，提供研發和技術移轉所需的資金。產品包括地板、門、窗戶、櫥櫃、預製房屋、工程木材等。計畫的法律依據是《自然資源部法案》和《森林法》，補貼係提供財務資助。援助對象為加拿大大學以及 FP innovations。計畫預算在 2008/2009 財政年度編列 370 萬加元，在 2009/2010 財政年度編列 350 萬加元。

5.2.4 南韓森林資源政策 (黃裕星撰)

5.2.4.1 林業資源與森林經營

一、森林資源方面

2010 年韓國的林地面積 640 萬公頃，占國土總面積的 63.7%，是世界上高森林覆蓋率國家之一。同年森林蓄積量為 8 億立方公尺，平均每公頃蓄積量為 125.6 立方公尺。森林按所有權屬劃分為國有林、公有林和私有林，其中國有林面積 154.34 萬公頃占 24%，蓄積量 22,911.25 萬立方公尺；公有林面積 48.76 萬公頃占 8%，蓄積量 6,017.92 萬立方公尺；私有林面積 433.79 萬公頃占 68%，蓄積量 51,073.35 萬立方公尺。私有林占了韓國森林面積的大多數，但是私有林主人數卻高達 200 多萬，其中近半數林主持有的森林面積不足 0.5 公頃，而擁有 10 公頃以上的林主比例更不到 4%，以致於小規模的私有林主擁有的森林面積卻占了全國森林面積的 52.5%。林地在使用限制上，分為保護林及半保護林兩大類，保護林約 498 萬公頃，須嚴格限制土地使用方式，半保護林約 148 萬公頃，可以開發利用。

依溫度和雨量之差異，韓國之森林帶可分成三類：暖溫帶、冷暖溫帶和亞寒帶。森林組成以針葉樹林面積最廣 (268 萬公頃，42%)，針闊葉樹混合林次之 (186 萬公頃，29.2%)，闊葉樹林居第三 (166 萬公頃，26.1%)，其它居第四 (18 萬公頃，2.7%)。韓國之針葉樹林主要以松樹為主，面積佔全部針葉樹林之 54.9%；不過近年來因松樹萎凋病 (pine wilt disease) 蔓延，使得松樹之面積有減少趨勢。而在過去十餘年間，針葉樹林面積有些許減少，闊葉樹林和針闊葉混合林面積則有增加。國家森林蓄積量在近幾年呈現快速成長，針葉樹林蓄積量為 273 百萬立方公尺，針闊葉混合林蓄積量為 185 百萬立方公尺，闊葉樹林

蓄積量為 165 百萬立方公尺。若按照林齡分級，10 年生以下占 7%，11 年至 20 年生占 15%，21 年至 30 年生占 39%，31 年至 40 年生占 29%，41 年生以上占 10%。

由於第二次世界大戰後韓國森林資源明顯不足，木材生產受到限制，因此早在 20 世紀 60 年代就把人工造林和森林撫育列為林業工作的重點。2010 年造林面積 21,515 公頃，用苗量 4,283.9 萬株。其中國有林造林面積 2,807 公頃，用苗量 598.6 萬株；非國有林造林面積 18,708 公頃，用苗量 3,685.3 萬株。主要造林樹種有松樹、韓國松、落葉松、日本柳杉、日本柏、楓樹、櫻花、板栗、白樺等樹種。苗圃共 72 個，面積 578 公頃，育苗面積 239 公頃，年產苗 10,294.5 萬株，其中成熟苗 4,605.3 萬株，幼苗 5,689.2 萬株；種子生產面積 3,806 公頃，產量 82,977 公斤。

2008 年時韓國森林的經濟價值：林產品總生產額為 4 兆 808 億韓元，占 GDP 的 0.4%。其中純林木 17,273 億韓元占 42.3%，造景材 8,504 億韓元占 20.9%，果樹類 5,110 億韓元占 12.5%，蘑菇類 2,675 億韓元占 6.6%，野菜類 2,135 億韓元占 5.2%，用材林 1,465 億韓元占 3.6%，農用材料 826 億韓元占 2%，其他 2,819 億韓元占 6.9%。2010 年時，韓國森林的公益價值約為 73.18 兆韓元〔609.8 億美元〕，其中水源涵養效益 18.53 兆韓元〔154.4 億美元〕占 25.3%，空氣淨化效益 16.84 兆韓元〔140.3 億美元〕占 23%，水土流失防治效益 13.49 兆韓元〔112.3 億美元〕占 18.4%，森林遊樂 11.69 兆韓元〔97.4 億美元〕占 16%，森林淨水 6.22 兆韓元〔51.8 億美元〕占 8.5%，山地災害的防治效益 4.75 兆韓元〔39.5 億美元〕占 6.5%，野生動物保護效益 1.75 兆韓元〔14.6 億美元〕占 2.3%。森林的公益價值是農林漁業總生產量的 2 倍，亦帶給每位韓國公民 137 萬韓元的實惠。

二、產業發展方面

2011 年韓國進口林產品達 25.74 億美元，其中 85% 是從紐西蘭、加拿大、美國、智利、馬來西亞、印尼、中國、泰國、蘇聯、羅馬尼亞等國進口原木、木製品、合板、單板、纖維板、粒片板等，出口金額僅為 0.73 億美元。此外，為減少對於進口材的依賴，韓國亦逐步擴大國產木材供給，以提高木材自給率；2009 年木材供給量為 300 萬立方公尺，自給率達 11.6%；2010 年為 360 萬立方公尺，自給率達 13%。

韓國森林管理在防止非法伐採林木方面，將藉由「增加海外造林及國產材生產，以減少進口材比率」，與「透明的伐採許可制度，以確實管控監督合法的森林伐採」

等方式來達成。伐採對象為超過輪伐期的成熟森林、皆伐面積不超過 50 公頃、伐木跡地必須強制造林為原則。以友善環境及安全的方式伐木以確保森林永續生長。在林產品交易方面,發展監管的標準及品質,以強化合法販售林產品。韓國林產品認證系統由韓國森林促進機構評估監督以確保林產品來源、環境及品質穩定,俾落實推薦民眾購買認證之林木。為防範非法林產品銷售,立法促進永續林木利用,並要求中央及地方下令禁止銷售或使用非法伐採之林產品,推動禁止銷售或使用非法伐採之林產品。其具體成果包括:在與國際接軌的林木認證方面,已有符合森林永續經營 (sustainable forest management, SFM) 認證的森林達到 399,000 公頃,經過 FSC/CoC 認證的公司在 2012 年 1 月達到 199 家。

此外,南韓極力推行國際林業合作 (開拓另類的森林資源外交)。在推展雙邊關係上,韓國之林業界 (含官方與民間) 長期和世界上許多國家就森林保育和永續經營等議題維持良好的密切關係。韓國和紐西蘭、俄羅斯、德國、日本、越南、印尼、中國、澳洲、緬甸和外蒙古等已建立雙邊合作關係,並於 1997 年和紐西蘭、澳洲,1998 年和中國,1999 年和越南與緬甸,2006 年和俄羅斯簽訂林業合作協議或備忘錄,並舉辦經常性之委員會議,以促進雙邊之林業合作與交流。至於在推展多邊關係上,韓國林業界積極參與國際間各種森林組織與機構,例如 International Tropical Timber organization(ITTO) 及 Asia Forest Cooperation Organization(AFOCO),以及簽署各項重要的國際公約,例如 United Nations Convention to Combat Desertification(UNCCD)、United Nations Convention on Biodiversity(UNCBD) 和 United Nations Convention on Climate Change(UNFCCC) 等,十分活躍於重要的國際社群。

另一方面,為解決國內森林資源供給不足之問題,並確保未來能獲得穩定的林木供給,韓國政府長期以來積極從事海外造林事業。早在 1958 年,就在印尼投資造林。自 1992 年開始,韓國政府更提供低利貸款給國內木業公司,獎勵前往澳洲、紐西蘭、越南、中國、巴拉圭和索羅門群島等國家投資造林。至 2006 年止,其海外造林面積已達 12.8 萬公頃。至 2009 年止,已有 18 個企業在 11 個國家完成造林 20 萬公頃,並於 2010 年至印尼和柬埔寨造林 2 萬公頃。同時在蒙古執行綠帶計畫,在印尼開辦育苗中心與訓練計畫,在巴拉圭推動桉樹造林。韓國政府計畫至 2050 年時,其海外造林面積要達到 100 萬公頃。韓國政府這種雙贏式 (win-win) 的投資,除讓人見識到其遠見、決心與效率外,對於照顧本國農產企的用心,和洞燭國際林業、外交、經貿發展的謀略,都值得臺灣政府與民間深思。

5.2.4.2 林業政策走向

一、管理體制方面

韓國農林水產部「山林廳」成立於 1967

年，為主管全國林業的中央政府機構，負責實施林業政策、貫徹森林法規、從事各種林業活動和行政管理、科研教育以及國有林的督導工作。山林廳的主要職責是：經營森林資源和促進資源增長，保護森林和發展林業，保護野生動物和防治病蟲害，開發和利用林產品，保障木材供應，林業研究和培訓，森林經營，林業合作和技術推廣等。其下設有：林業政策局，負責林政、林產品流通、國際協作；森林資源局，負責資源營造、山林環境、土木及技術支援；森林經營局，負責山林經營、管理、山地計畫；地方管理廳，負責國有林的經營；林業研究院，負責山林環境、林產工業、山林生物和山林經營的研究；林木育種研究所，負責林木育種研究；林業研修所，負責全國林業培訓工作。而地方一級的管理機構為市、道等地方政府設的森林管理科，負責私有林的行政管理工作。此外，全國還有大約 30 個民間林業團體，如林業合作社中央會，林政研究會等推廣林務。這些團體亦與政府密切合作，開展民間林業活動。

二、法律演進方面

1961 年韓國政府頒佈了《森林法》，旨在使森林資源得到更好的保護和增值，引導林業走上永續發展的道路。同時，為使山林成為經濟、環境和文化資源，政府在財政、金融、稅制、技術上對於森林經營者應給予扶持。1962 年頒佈了保護林地和實施防治水土流失的《水土流失防治法》。1967 年頒佈了《野生動物管理和狩獵法》，對野生動物的保護和狩獵活動作出明確規定。1994 年頒佈了《林業合作社組織法》，目的是通過林主的合作組織，如林業合作社中央會及其所屬機構進行自主經營，使林業經營者的收入能不斷提高，生活得到改善，與國民經濟的發展能保持均衡與俱進。

三、政策調適方面

❶ 國家森林發展計畫 (National Forest Development Plan)

韓國森林蓄積的演變歷經了 3 個階段：森林劣化 (degradation) 期 (1927-1952)、森林停滯 (stagnation) 期 (1953-1972)，和森林成長 (growth) 期 (1973-2007)。

(1) 森林劣化期 (1927-1952) 的資源耗竭

韓國在歷史上由於日本殖民、朝鮮戰爭以及過度砍伐等原因造成全國森林嚴重荒廢，林木蓄積由 1910 年的 7 億立方公尺，減少到 1945 年的 2 億立方公尺。在 1950 年代前，許多森林受到嚴重破壞，造成林地裸露並產生嚴重的土壤沖蝕問題，使得當時森林的蓄積量每公頃只有 10.8 立方公尺 (還不到 2010 年每公頃蓄積量的 1/10)，受破壞的林地超過 68 萬公頃，約佔全國森林面積之 10%。

(2) 森林停滯期 (1953-1972) 的復原有限

林木蓄積依舊不振，1953 年全國蓄積量

甚至只有 0.4 億立方公尺（大約是 2010 年全國蓄積量的 1/20）。自 1960 年代開始，韓國政府啟動了第一、二期之裸露林地復育計畫。但開始時受到嚴苛氣候的限制（如強風和降雪），使得最初的復育成效不彰而宣告失敗。所幸在該國林業人員努力下，發展出新的育苗和造林技術，施以集約經營並改善造林環境，終於提升造林木之成活率。

(3) 森林成長期 (1973-2007) 的脫胎換骨

從 1973 年開始，韓國連續實施了四個階段的林業發展計畫，由於各界積極投入，前 3 期計畫分別提前 1 年至 5 年就完成造林任務。總計自 1952 年至 1995 年，新造林面積達到 550 多萬公頃，約占現有保存林地的 86%，而且 9 成以上位於原本劣化嚴重的私有林地。各期計畫之重點如下：

A. 第一期國家森林發展計畫 (1973 年 -1978 年)：主要是在已成裸露狀態之林地上更新造林 (reforestation)，並設定 100 萬公頃之造林目標。在此期間，政府將每年 3 月 21 日至 4 月 20 日訂為國家造林月，另將 11 月訂為樹木撫育月。因本期計畫執行非常成功，奠定了韓國日後擁有豐富森林資源的基礎。

B. 第二期國家森林發展計畫 (1979 年 -1987 年)：透過加強國有林之造林、保護和對私有林主在財政上的補貼，建立大面積之經濟林，以長期供應林木資源。在此期間，成功完成 106.4 萬

公頃之造林，和 80 個經濟林區之設置（其中含 37.5 萬公頃之更新林地）。此外，韓國開始和德國合作建立森林作業人員訓練中心，引進林業機械化作業，並使用直昇機滅火和生物防治方法處理森林病蟲害問題。

C. 第三期國家森林發展計畫 (1988 年 -1997 年)：目標是要永續和有效地使用森林資源，以增進森林之經濟價值與公共利益。在此期間，建立了 32 萬公頃之經濟林區，實施 303.7 萬公頃之森林撫育。此外，自 1993 年開啟海外造林計畫，以期獲得未來穩定之木材供應。

D. 第四期國家森林發展計畫 (1998 年 -2007 年)：政府將積極制定永續經營政策，以滿足國內各界的需求並因應國際發展情勢。建立「森林永續經營基金」以發展高價值之森林資源，培育森林產業之競爭力和促進森林健康與生活力。同時，建立國家層級之準則 (criteria) 與指標 (indicators)，以強化森林永續經營架構。此外，韓國政府於 1995 年建立林地利用分類體系，把森林分為保存林（保持山地）和準保存林（準保持山地）兩類；並且將保存林（保持山地）再分為用材林（林業用山地）和公共林（公益用山地或公益林）。其中，公共林主要用於保護重要的生態區域，包括森林保護區、遺傳資源保護區、國家森林公園等。

E. 第五期國家森林發展計畫 (2008

年 -2017 年）：目標是將韓國打造成「以占全國土地 64% 森林為基礎之永續綠色國家」。為此，制訂 5 大策略，包括：(A) 發展多功能森林資源之經營體系，以提升環境、社會和經濟之價值；(B) 促進國內林產業之永續發展，以增進對國家經濟之貢獻；(C) 保育經營森林成為國家環境資源，與均衡發展之國土利用型態；(D) 發展綠色空間和綠色環境服務，以改善國民居住品質；(E) 加強海外造林，持續國際合作。

在歷經國家森林發展計畫多期的努力後，據研究顯示，韓國從 1953 年至 2010 年之立木蓄積量增加 12.6 倍，其經濟效益達到 5.5 兆韓元，公益效益更高達 73 兆韓元，森林之於國家發展，功不可沒。對於此一成就，FAO 曾於 1982 年評價韓國，是第二次世界大戰以來「國土綠化成功的唯一國家」。

❷ 氣候變遷與林業發展

過去 100 年的資料顯示，韓國 6 個都會區之平均溫度提升約 1.5°C，顯示韓國受到氣候變遷的衝擊程度較世界平均值為大。而過去 10 年間，韓國因為颱風、暴雨造成之經濟損失高達 150 億美元，使得韓國森林在面對火災、病蟲害的威脅外，也必須對氣候變遷做出調適。對此，韓國政府已展開行動，除了配合全球氣候變遷規範建立「氣候變遷完整計畫」(Comprehensive Plan on Climate Change) 外，還制定了 2008-2017 的「碳匯基本計畫」(Carbon Sink Basic Plan)，並訂出「綠色 7(Green 7)」的 7 大策略：green up、green cycle、green trade、green care、green hub、green governance 和 green inventory。其願景是要將韓國打造成綠色國家，並在全球氣候變遷的議提上取得領先之地位。

5.3　練習題

① 請簡述聯合國全球永續發展目標的成立的背景與其延伸出的目標。
② 亞太經合會議 (APEC) 的林業部長級會議中，如何與永續發展目標產生聯結？其內容為何？
③ 聯合國針對當今的環境議題成立氣候變化綱要公約與生物多樣性公約，討論這兩個公約與我國林業發展最相關的議定書與重要內涵。
④ 試簡單比較我國與日本、韓國、美國及加拿大的林業政策走向。

延伸閱讀 / 參考書目

♠ 李光中 (2011) 鄉村地景保育的新思維 - 里山倡議。臺灣林業 37(3): 59-64。

♠ 世界林業－加拿大
http://www.forestry.gov.cn/portal/main/map/sjly/Canadian/web/canadian01.html。

♠ 汪大雄 (2010) 韓國森林資源和森林經營。林業研究專訊 17 (6): 87-91。

♠ 柳婉郁 (2009) 加拿大因應溫室氣體減量之森林經營管理策略。林業研究專訊 16(4): 45-48。

♠ 美國在應對全球氣候變化中正走向主角。http://www.carbontree.com.cn/NewsShow.
asp?Bid=8982。

♠ 美國、墨西哥林業考察報告。http://e-nw.shac.gov.cn/wmfw/hwzc/hygl/201207/
t20120713_1322206.htm。

♠ 美國調整林業政策重視森林保護功能。http://www.forestry.gov.cn/main/239/content-589620.
html。

♠ 黃名媛、吳俊賢 (2010) 美國發展森林生質能源政策之背景形成與簡介。林業研究專訊 17(5):
50-53。

♠ 盧貴敏、姜大峪、丁文俊、鄭啟輝 (2011) 日本、韓國林業發展與財政政策 http://cks.mof.gov.
cn/crifs/html/default/waiguocaizheng/_content/11_06/18/1308372149272.Html。

♠ 賴柳英、施佑中 (2013) 出席 2013 年 APEC 打擊非法採伐林木及非法貿易專家小組第三次會報
告。http://report.nat.gov.tw/ReportFront/report_detail.jspx?sysId=C10201017。

♠ 韓國造林的成功經驗對我國林業發展的幾點借鑒之處 (2012)。http://www.snly.gov.cn/
info/1046/4292.htm。

♠ Canada Wood Group (加拿大林業協會) http://www.canadawood.org/env_overview.php。

♠ D. K. Lee (2012) The forest sector's contribution to a "low carbon, green growth" vision in
the Republic of Korea. http://www.fao.org/docrep/017/i2890e/i2890e03.pdf.

♠ Korea's Green Growth based on OECD Green Growth Indicators (2012) http://www.oecd.org/
greengrowth/Korea's%20GG%20report%20with%20OECD%20indicators.pdf.

♠ National Forest System Land Management Planning. http://www.fs.usda.gov/Internet/FSE_
DOCUMENTS/stelprdb5362536.pdf.

♠ Nature Conservation Bureau (2009) The Satoyama Initiative: A Vision for Sustainable Rural
Societies in Harmony with Nature. Ministry of the Environment, Government of Japan.

♠ The first UN Strategic Plan (2017-2030) for Forests：http://aims.fao.org/activity/blog/first-
un-strategic-plan-2017-2030-forests.

♠ The State of Canada's Forests. (2012) Annual Report. http://cfs.nrcan.gc.ca/pubwarehouse/
pdfs/34055.pdf

♠ USDA Forest Service Strategic Plan FY (2007-2012) http://www.fs.fed.us/publications/
strategic/fs-sp-fy07-12.pdf.

第二單元

2 自然資源法規

單元說明

一、本單元分為五章，分別為第六章自然資源行政法基本原理、第七章森林法案例解說、第八章野生動物保育法案例解說、第九章文化資產保存法案例解說及第十章其他與自然資源有關之法規（包含非都市土地使用管制規則、原住民族基本法、水土保持法及國土三法）。

二、本單元重在實用，第七、八、九章以案例事實導引法條解說，旨在介紹實務見解，以大法官解釋、最高法院判決、最高行政法院判決及臺灣高等法院、各地方法院具參考意義的判決等，作為法條之註腳。其他二章亦儘可能列舉案例，以期有助於理解條文之意義。

三、文中所舉案例事實均為真實，並非虛構，並選擇最近發生之案件列入。

四、建議讀者閱讀時，最好同時查閱法條，以加深印象。

五、由於目前我國法律文書之記載時間是以民國為主，因此在第二單元內容中與法律有關的條文或案例仍保留以民國年來表示年代，以便於讀者資料查對，特此說明。

6.1　自然資源行政法之一般原則

6.1.1 法規之適用

法規之適用，須依法學三段論法及涵攝的邏輯結構。法學三段論法的大前提為法律規範，小前提為案例事實，結論為法律效果。例如森林法第 9 條、第 56 條為大前提，某甲擅自於國有林地開設便道為小前提，違反了第 9 條第 1 項規定，依第 56 條，某甲應處 12 萬元罰鍰，則為法律效果。「涵攝」之意義即將具體的案例事實，置於法規範的構成要件下，以得出一定之法律效果的推論過程。涵攝的步驟為 (1) 認定事實；(2) 尋找相關法令規範；(3) 以整個法秩序為準進行涵攝；(4) 獲得法律效果。

在行政行為，法規適用的優先順序，以法規在規範層級 (憲法 - 法律 - 法規命令 - 行政規則) 中的「效力優先」，順位恰好相反，位階最低者反而最優先適用 (行政規則 - 法規命令 - 法律 - 憲法)。因為，位階愈低者，其內容愈具體，與個案關係最直接，也最便於解決問題 (吳庚 1992)。例如人民申請獎勵輔導造林，應先適用獎勵造林審查要點，審查是否符合得以獎勵輔導造林之要件，再及於獎勵輔導造林辦法審查是否符合獎勵輔導造林的對象，而其法律依據則為森林法第 48 條。

6.1.2 依法行政原則

行政程序法第 1 條規定：「行政行為應受法律及一般法律原則之拘束。」此為法治國原則的要求，也是行政法的第一要義。依法行政之真義在於：行政權的遂行，須藉由立法權的制衡，以避免行政濫權而侵害人民權利。基於法律條文的抽象性，立法者透過法律具體明確的授權，由行政機關訂定法規命令，以為執行依據。因此，依法行政的「法」包含法律及法規命令。簡言之，行政行為一定要有有法律上的依據，即便是依據法規命令而為，也是由法律授權而來，其源頭的依據仍然是「法律」。行政規則則是上級機關對下級機關，或長官對屬官，依其權限或職權為規範機關內部秩序及運作而訂定的「非直接對外發生法規範效力」之一般、抽象的規定（行政程序法第 159 條第 1 項），質言之，基於行政機關反覆操作之行政規則，對外也發生規範效力，行政機關亦必須遵守。如行政院農業委員會於 97 年 4 月 23 日發布之「國有林地濫墾地補辦清理作業要點」（下稱「要點」）為行政規則，人民墾殖林地如符合「要點」之規定，得申請訂立租地契約，則「要點」也成為依法行政之依據。

6.1.3 明確性原則

行政程序法第 5 條規定「行政行為之內容應明確」。因此，行政處分做成之後，至少不需第三人的協助或透過其他的輔助措施，當事人即可充分明確地認識到處分的內容，也不會出現「因人而異」形成理解不同的問題。因此，行政機關之公文書應力求具體明確，切勿使用「原則同意」、「似無不合」等模糊用詞。

6.1.4 平等原則

行政程序法第 6 條規定「行政行為，非有正當理由，不得為差別待遇。」平等原則可推演出「行政自我拘束原則」，行政機關長期的「行政慣例」，是反覆運用的特定行為模式，對任何人應以相同的方式作成行政行為，否則即違反平等原則。

6.1.5 比例原則

行政程序法第 7 條規定：「行政行為，應依下列原則為之：一採取之方法應有助於目的之達成。二、有多種同樣能達成目的之方法時，應選擇對人民權益損害最少者。三、採取之方法所造成之損害不得與欲達成目的之利益顯失均衡。」比例原則在實務上，有三個要求，第一，適當性，例如發生森林火災須拆除林農工寮開設防火巷，應先選擇毗鄰者為之，不能捨近求遠。第二、必要性，行政機關在可以達成行政目的的手段中應選擇對人民權利侵害最小者。例如濫墾林地之民眾陳抗占據機關，必須清場，是必要的行政目的，但應依狀況依序選擇：勸導、抬走、噴水柱驅散、噴催淚瓦斯驅散等手段為之，不能一開始即噴催淚瓦斯。第三，狹義比例性，即行政機關欲保護的公益與採取的手段所侵害人民

的利益,兩者相比較結果,應屬相當,也就是俗語說的「不能太超過」。法諺:「警察不能以大砲打麻雀」;孔子曰:「割雞焉用牛刀」;莊子曰:「以隨侯之珠,彈千仞之雀,世必笑之」。也都是比例性的描述。

6.1.6 誠實信用原則

行政程序法第 8 條前段規定:「行政行為,應以誠實信用之方法為之。」行使權利、履行義務,應依誠實及信用之方法。在行政機關,尤其應重視所有行政行為均應誠實為之,說一不二,人民才能對國家有所信賴。

6.1.7 信賴保護原則

行政程序法第 8 條後段規定,「行政行為 …… 並應保護人民正當合理之信賴。」此原則有三要件,第一,信賴基礎,行政機關發布行政命令或作成行政處分,構成人民信賴之基礎。第二,信賴表現,人民因信賴行政行為在客觀上具體表現信賴的行為,例如安排生活或處置財產。第三,信賴利益值得保護,信賴利益指的是法律上所保護的利益,其他精神上或感情上的利益不在保護之列。

6.2 自然資源行政法律原則

法律原則具有高度抽象性及價值指向等特質,成為特殊的規範形式,具有高度的彈性與流動性,可同時成為拘束力強與弱的規範所採納,並滲入各層次的治理介面中,符合實際上不同需要。[葉俊榮 2015] 本文所提各項原則,在林業行政法律及資源治理領域,均發揮關鍵作用。

6.2.1 永續發展原則

永續發展原則早在 1972 年「人類環境宣言」以及 1984 年「世界自然憲章」即已具體呈現。嗣 1992 年聯合國環境與發展大會確立此一原則,並主要呈現於「里約環境與發展宣言」、「21 世紀議程」、「聯合國氣候變化綱要公約」、「生物多樣性公約」及「森林原則」中。我國環境基本法第 2 條第 1 項、第 3 條明定:永續發展係指做到滿足當代需求,同時不損及後代滿足其需要之發展。基於國家長期利益,經濟、科技及社會發展均應兼顧環境保護。但經濟、科技及社會發展對環境有嚴重不良影響或有危害之虞者,應以環境保護優先。國土計畫法第 1 條亦以永續發展為立法宗旨。而森林法第 1 條前段明定保育森林資源,發揮森林公益及經濟效用,更是「永續利用」為重要理念。

6.2.2 謹慎預防原則

環境問題一旦發生，往往難以消除及恢復，生態環境一旦遭受破壞，長期難以恢復或甚至不可能恢復；事後之治理及補救，費用巨大，殊不經濟，根本得不償失。尤其重要的是，環境問題在時間及空間上變化極大，具有科學上不確定性，很難掌握。但是，不得以科學上之不確定性作為不行動或延遲行動的理由，因此，自然資源必須藉由綜合規畫、訂定計畫及各種管制措施，在事前防止不妥適的開發利用，以維護生態功能。森林法第 10 條及野生動物保育法第 10 條所定野生動物保護區保育計畫即是預防原則的體現。

6.2.3 代際正義原則

代際正義蘊含的意義是：沒有任何世代的權益可以凌駕於其他世代；世代之間必須有衡平的法律基準。《二十一世紀

▲ 加走寮溪上游 / 圖片來源：林務局影音資訊平台

議程》強調為達永續發展的目標，必須兼顧未來世代的利益；里約宣言第 3 項原則規定：發展權利的實現必須衡平地滿足今世與後代於發展上與環境上的需求。氣候變化綱要公約第 3 條，亦要求締約方必須為人類當代及後代利益保護氣候系統。森林經營是長期事業，更應有「為當代人謀也為下一代人籌」的宏觀視野。

6.2.4 公民參與原則

基於自然資源為公共財產的理論，公民有權透過一定的程式或途經參與一切與自然資源環境利益相關的決策活動，以促使各項決策能切實符合全民的利益。森林法第 38 之 4 規定：受保護樹木之移植，開發利用者必須舉行公開說明會，地方主管機關應舉行公聽會。森林法授權訂定之「保安林解除審核標準」，亦規定森林所在地之公民參與審查之機制，充分保障公民權益。野生動物保育法亦規定野生動物保護區之劃定應踐行公聽會之程式，聽取當地居民的意見。均為此一原則之實踐。

6.2.5 確保生態價值原則

以森林為例，森林如果遭受破壞，生態功能減損，必然導致經濟價值的衰退，因此，森林的生態價值是森林經濟價值的基礎。生態優勢就是經濟優勢，森林法的根本目標是確保森林的生態價值，這是一種價值判斷，是森林法的核心價值。野生動物保育法及文化資產保存法

第 6 章自然地景、自然紀念物亦以維護景觀生態價值為最高原則，此觀各法第 1 條所揭櫫的立法宗旨，即可明瞭。

6.2.6 森林以國有為原則

從臺灣的歷史來看，1885 年日人據臺的森林情勢為：內外多方爭奪山林；林野權利涉及內地商人、洋商、原住民、漢民等複雜的族群關係與商業利益；臺灣的樟腦生產具有獨佔性，適度控制生產規模可以操作市價，獲取可觀利潤得以挹注財政 (李文良，2001)。臺灣總督府乃頒佈日令第 26 號，第 1 條規定：缺乏清朝政府核發可證明所有權的地券或其他 (權利) 證據之山林原野，全部為官有。其目的是確定林地所有權屬，以便於「殖產興業」。另一方面，民國 3 年 (1914) 農商部長代表大總統公佈我國森林法，總綱規定森林所有權屬分為國有林、公有林及私有林；並規定公私有林如農商部認為于經營國有林有重大關係者，得以相當價值收歸國有。民國 34 年 2 月 6 日國民政府修正公佈森林法，明定森林以國有為原則。綜上，無論國府或日據政府均以歷史的淵源，確認我國森林資源以國有為原則。現行森林法第 3 條第 2 項明定此一原則。

6.2.7 森林保護強制原則

森林作為生態系統的重要組成部分，對保護環境扮演重要角色，在臺灣，森林的防災功能更為突顯，因此，我國對森林資源予以強制保護，森林保護強制原則之適用，如森林法第 45 條規定，森林的採伐利用必須經行政許可始得為之，以避免森林遭濫采濫伐或林地遭受破壞，減損森林的價值；第 37 條、第 38 條規定森林生物危害及蔓延時，森林所有人之撲滅及預防責任。

6.2.8 生態補償原則

生態補償原則的要旨是：國家、社會、自然資源生態效益的受益人，以資金方式給予為資源生態效益付出經濟代價者，作為適當的財務補償，促使提供生態效益提供者，能妥為實施資源的營造、撫育、保護及管理的法律制度。另一種生態補償為「異地補償」，如果森林或相關資源，遭受減損另作他用後，開發利用者必須提供資金或另覓土地另行營造等同面積之森林，以為補償。森林法第 31 條及原住民保留地禁伐補償條例，都是生態補償原則的實踐。

6.2.9 維繫原住民傳統文化原則

森林經營與原住民之生活慣俗遂行具有密切合作關係。原住民世代居住於森林周邊，對於森林及野生動物資源的利用，具有傳統生態智慧，主管機關應予維繫，因此，林業法制特別講究從原住民之生活慣俗、歲時祭儀出發，建立制度，讓原住民得以合理而智慧的取得自然資源。此見諸於森林法第 15 條第 4 項及野生動物保育法第 21 條之 1。

6.3.1 基本慨念

法律關係，係指法律規範人與人之間的生活關係，在法規範下，二個或數個權利主體，就特定的具體生活事實，以權利與義務為核心要素，發生一定法律上的關聯性。行政法律關係，即指二個或數個權利主體，基於行政法上之規定，就具體行政事件所發生之法律連結關係。自然資源行政法律關係指自然行政法律規範下，權利主體間在自然資源的規劃、開發、利用、保護及管理上具體事件之法律連結關係。行政法律關係之權利義務主體，包括自然人、法人、公法人之機關、及設有代表人或管理人之非法人團體。

6.3.2 自然資源行政法律關係之成立

6.3.2.1 因行政處分而發生

依行政程序法第 92 條規定，行政處分指行政機關就公法上具體事件所為之決定或其他公權力措施而對外直接發生法律效果之單方行政行為、決定或措施。例如森林法及野生動物保育法所定行政上義務規定，人民如有違反，將受行政罰鍰，此即行政處分，則人民與國家間之行政法律關係因行政處分而成立。另一方面，依行政處分而成立的行政法律關係並非僅有行政機關單方行為而成立，人民亦可依法規向行政機關申請作成特定之行政處分，例如人民得依森林法第 48 條及獎勵輔導造林辦法之規定，申請行政機關作成發給長達 20 年之造林獎勵金之「具有裁量性之授益行政處分」。

6.3.2.2. 依行政契約而成立

野生動物保育法第 10 條規定，地方主管機關於必要時，得將劃定之野生動物保護區，委託其他機關或團體執行；文化資產保存法第 82 條第 2 項規定，自然地景、自然紀念物得委託其他機關 (構)、登記有案之團體或個人管理維護；保安林經營準則第 5 條規定，國有林必要時委託直轄市政府、縣 (市) 政府或其他法人管理經營之，凡此，均可據以由雙方當事人以行政契約而成立行政法律關係。

6.3.2.3 依行政上事實行為而成立

行政機關事實上之作為或不作為致人民權利受損害，即有國家賠償問題。國家

賠償法第 2 條第 2 項規定：「公務員於執行職務行使 公權力時，因故意或過失不法侵害人民自由或權利者，國家應負損害賠償責任。公務員怠於執行職務，致人民自由或權利遭受損害者亦同」。實務上，例如國有林具有森林法第 21 條所定各款情形，如果管理經營機關怠於加強造林或必要之水土保持保持處理與維護，而下游之人民因此受有損害，二者間具有因果關係，此一「事實行為」，將使人民與國家形成「國家賠償法律關係」，負責國有林經營的該管林區管理處，應負起國家賠償之責任。

6.3.3 自然資源行政法律關係的變更與消滅

6.3.3.1 行政法律關係之變更

行政法律關係之變更，主要為繼受問題，以法律關係之內容係著重於「人的屬性」抑或「物的屬性」而定，若規範內容具有「一身專屬性」，如相對人必須具有一定的資格或能力，則法律關係因相對人不存在而失其效力；若不具「一身專屬性」則以「物的屬性」為規範重點，權利義務將隨標的物之移轉而生繼受結果。例如，獎勵造林之行政處分，即不具「一身專屬性」，因為，依據獎勵輔導造林辦法第 13 條第 1 項規定，森林所有人移轉後得由新的所有權人繼受（台中高等行政法院 98 年簡字第 70 號判決參照），所以，行政法律關係可以變更。

6.3.3.2 行政法律關係之消滅

行政法律關係中之權利或義務如已履行或實現者，行政法律關係即歸於消滅，如行政處分之執行，行政契約之履行、國家賠償之給付等。行政處分的撤銷或廢止；行政契約之終止或解除，也將使行政法律關係消滅。

此外，行政法律關係，也可因法定事由如時效完成或除斥期間的經過等法定事由而消滅。時效規定於行政程序法第 131 條，除斥期間規定於第 121 條第 1 項及第 124 條。

6.4 練習題

① 涵攝的意義爲何？其具體步驟爲何？請舉例說明。

② 請舉例說明行政法上的「比例原則」的內涵。

③ 請提出你認爲最重要的自然資源行政法的三項法律原則，並加以說明。

④ 自然資源行政法律關係如何成立，試舉三例說明。

📙 延伸閱讀 / 參考書目

🌲 吳庚 (2013) 行政法之理論與實用 (第 12 版)。三民書局，76 頁。

🌲 李文良 (2001) 帝國的山林 - 日治時期臺灣山林政策的研究。臺灣大學歷史研究所，博士論文

🌲 李建良 (2013) 行政法基本十講。元照出版有限公司，195-203 頁。

🌲 李桃生 (2017) 從環境法體系探討森林法律原則。臺灣林業 43(2): 80-87。

🌲 李桃生 (2017) 自然資源行政法律關係概述。臺灣林業 43 (4): 32-38。

🌲 葉俊榮 (2015) 氣候變遷治理與法律。臺大出版中心， 419-459 頁。

森林法案例解說

撰寫人：李桃生　審查人：林鴻忠

7.1 總則

案例事實

一、【國有林無取得時效之適用】

林○○擅在阿里山事業區第 196 林班，開闢森林地興建房屋，嗣於民國 84 年 6 月間，以其係「本於所有之意思」，和平繼續占有該未登記之土地，已因時效取得所有權登記請求權，依民法第 769 條、土地法第 54 條規定，向嘉義縣竹崎地政事務所申請為土地所有權登記，經國有林地管理機關嘉義林區管理處及國有財產局南區分局嘉義辦事處依法提出異議，竹崎地政事務所於調處時，罔顧系爭國有林地依法不得為私有及無取得時效之適用，而予裁處成立。上述二機關爰依土地法第 59 條第 2 項規定，向嘉義地方法院起訴求為確認上訴人就系爭土地之「所有權登記請求權不存在」之判決。纏訟多年，最後，最高法院引用森林法第 1 條、第 3 條第 1 項及第 5 條判決國有林無取得時效之適用並著成判例（最高法院 89 年臺上字第 949 號）。

二、【國有林地承租人視為森林所有人】

翁○○未經申請主管機關許可，竟於民國 83 年 1 月間，擅自將其所承租坐落嘉義林區管理處大埔事業區第 56 國有保安林班地內，0.55 公頃土地上之什木 48 株及麻竹 500 支砍除燒毀，並開墾整地後改植 40 株檳榔樹苗，復為方便日後土地使用，竟與知情之詹○○基於犯意之聯絡，由翁○○於同年 2 月間將上開土地交由詹○○以鋤頭翻土整地後，於同月 17 日種植生薑 5000 公斤，臺灣高等法院臺南分院以「生損害於嘉義林區管理處對該保安林之管理」等情，論處翁○○、詹○○共同於他人保安林內，擅自墾植罪刑，惟最高法院認為：以所有竹、木為目的，於他人之土地有租賃權者，於森林法適用上視為森林所有人，森林法第 4 條定有明文，是以，上開「準森林所有人」，若違反森林法第 30 條第 1 項之規定，未經主管機關核准或同意而於保安林內擅自開墾者，與同法第 51 條於他人林地內擅自墾植罪之構成要件不同，應僅屬於同法第 56 條之 1 第 1 項行政罰之範疇（最高法院 88 年臺上字第 5174 號判決）。

法條解說

7.1.1 立法宗旨

森林法（以下簡稱本法）立法宗旨原為：保育森林資源，發揮森林公益及經濟效

用，一方面抑制山坡地開發速度，同時獎勵長期造林，以調和經濟發展與環境保護之衝突。(最高行政法院 99 年度判字第 292 號 判決參照)104 年 7 月 1 日增訂樹木保護專章，增列「並為保護具有保存價值之樹木及其生長環境」為立法目的。森林以外之樹木保護事項，依第五章之一規定辦理。

森林的公益效用包括：是生態系統及其生態平衡主要的調節器；能有效保護生物多樣性、能調節氣候、減緩地球變暖、涵養水源、有效防止土壤流失和退化、防風固砂、保護農田、防止空氣污染、躁音污染及酸沉降；經濟效用包括木材利用，主產物如生立、枯損、倒伏之竹木及殘留的根株、殘材。副產物如樹皮、樹脂、種實、落枝、樹葉、灌藤、竹筍、草類、菌類及其他主產物以外之林產物；生態經濟包括森林遊樂區之經營、自然保護區緩衝區及永續利用區之環境教育及資源有限度利用、森林區域之環境教育、森林區域自然步道之生態旅遊、自然體驗及發展中的森林療癒等。

7.1.2 森林的定義及所有權屬

本法將森林定義為林地及其群生竹、木之總稱。(第 3 條第 1 項前段) 簡明扼要。林地一詞，範圍包括依非都市土地使用管制規則第 3 條規定編定為林業用地，及依非都市土地使用管制規則第 7 條規定適用林業用地管制之土地；非都市土地範圍內未劃定使用分區及都市計畫保護區、風景區、農業區內，經該直轄市、

縣 (市) 主管機關認定為林地之土地；依本法編入為保安林之土地；依本法第 17 條規定設置為森林遊樂區之土地；依國家公園法劃定為國家公園區內，由主管機關會商國家公園主管機關認定為林地之土地。(本法施行細則第 3 條) 因此，森林法施行細則第 3 條各項所稱之林地之外之土地，自不受本法管制，例如，農牧用地上林木的伐採，即不受本法第 45 條第 1 項之管制。

森林以國有為原則 (第 3 條第 2 項)。此為本法重要的原則，在上一章第 2 節自然資源行政法律原則已論及。森林依其所有權屬，分為國有林、公有林及私有林 (第 3 條第 1 項後段)，國有林指屬於國家所有及國家領域內無主之森林；公有林，指依法登記為直轄市、縣 (市)、鄉 (鎮、市) 或公法人所有之森林；私有林，指依法登記為自然人或私法人所有之森林 (本法施行細則第 4 條)。在本法的行政管制的分工，如本法第 9 條、第 10 條及其他相關條款之主管機關，在國有林為行政院農業委員會會，公、私有林則為直轄市或縣 (市) 政府 (行政院農業委員會 96 年 5 月 18 日農授林務字第 096124315 號函)。

森林以國有為原則，與本法第 1 條之立法宗旨及第 5 條「林業之管理經營，應以國土保安之長遠利益為主要目標」之規定，對於國有林地之管理，發揮重要作用；在法律上，也呈現國有林地所有權不容他人以時效的法律關係取得。在

案例事實一，經纏訟多年，最後由最高法院判決確認林君就系爭國有林地之「請求登記為所有權的請求權不存在」。此為著名的最高法院著有 89 年上訴字第 949 號判例，其要旨為：「按森林係指林地及其群生竹、木之總稱。森林以國有為原則。森林所有權及所有權以外之森林權利，除依法登記為公有或私有者外，概屬國有。森林法第 3 條及該法施行細則第 2 條定有明文。未依法登記為公有或私有之林地，既概屬國有，則不論國家已否辦理登記，均不適用關於取得時效之規定，俾達國土保安長遠利益之目標，並符保育森林資源，發揮森林公益及經濟效用之立法意旨（森林法第 1 條及第 5 條參照），自無民法第 769 條、第 770 條取得時效規定之適用。」

7.1.3 森林所有人之擬制

森林法第 4 條規定，以所有竹、木為目的，於他人之土地有地上權、租賃權或其他使用、收益權者，於本法適用上視為森林所有人。「視為」為擬制的規定，係將事務及其性質有異於其他事務，就一定之法律關係，以同一之法律處理，不許有反證。其法律關係限於依法令規定處理。如民法第 7 條：胎兒以將來非死產者為限，關於其個人利益之保護，視為既已出生。這是法律為能對生活關係合理的規範，依據法律政策，以立法手段，將法律適用的價值判斷，決定生活關係中的事實。基此，合於森林法第 4 條規定者，雖然沒有林地之所有權，在

本法所規定之權利義務，仍必須以森林所有人之地位擔當之，如第 37 條、第 38 條森林生物危害之防治，應負起森林所有人之責任。

「視為」之類似語為「推定」，推定，係在事實之法律關係不明瞭時，法律以一定之狀態作為判斷，當時人間如有相反之證據時，得推翻之。如民法第 9 條規定，受死亡宣告後，以判決內所確定死亡之時，推定其為死亡。前項死亡之時，應為前條各項所定期間最後日終止之時，但有反證者，不在此限。

地上權，係指以在他人土地之上下有建築物或其他工作物為目的，而使用其土地之權（民法第 832 條）。稱租賃者，謂當事人約定，一方以物租與他方使用收益，他方支付租金之契約。租金，得以金錢或租賃物之孳息充之（民法第 421 條）。例如國有林事業區租地造林契約規定，以竹、木採取時由出租機關分收一定比例之竹、木，並換算成林木價金，由承租人給付出租機關，以為使用土地之對價。其他使用收益權，包括無償或有償取得林地或地上群生竹、木採取權之人。如民法第 850 條之 1 所定農育權之農育權人、以借貸關係取得林地使用權者、以買賣關係取得竹、木採收權者（臺灣臺中地方法院 90 年上易字第 1674 號判決參照）。

應注意者，政府機關如林務局，依臺灣省濫墾地清理辦法將國有林地或公地放

租與人民，雖係基於公法為國家處理公務，但其與人民間就該項公有土地所發生之租賃等關係，則仍屬私法上之契約關係，人民與機關間因租用公地所生爭執，屬於私權之糾紛，非行政爭訟所能解決﹝改制前行政法院 52 年判字第 309 號判例及最高行政法院 103 年裁字第 336 號判決參照﹞。惟人民依國有林地濫墾地補辦清理作業要點申請租用林地，則為公法事件。大法官釋字第 695 解釋文指出：行政院農業委員會為接續清理前依臺灣省政府中華民國 58 年 5 月 27 日農秘字第 35876 號令公告「臺灣省國有林事業區內濫墾地清理計畫」，尚未完成清理之舊有濫墾地，於 97 年 4 月 23 日訂定發布國有林地濫墾地補辦清理作業要點暨國有林地濫墾地補辦清理實施計畫，將違法墾殖者導正納入管理，

以進行復育造林，提高林地國土保安等公益功能。行政院農業委員會林務局所屬各林區管理處於人民依據上開「作業要點」，申請訂立租地契約時，經審查確認合於系爭要點及相關規定，始得與申請人辦理訂約。補辦清理之目的在於解決國有林地遭人民濫墾之問題，涉及國土保安長遠利益﹝森林法第 5 條規定參照﹞。故林區管理處於審查時，縱已確認占用事實及占用人身分與系爭要點及有關規定相符，如其訂約有違林地永續經營或國土保安等重大公益時，仍得不予出租。因此，林區管理處之決定，為是否與人民訂立國有林地租賃契約之前，基於公權力行使職權之行為，仍屬公法性質，申請人如有不服，自應提起行政爭訟以為救濟，其訴訟應由行政法院審判。

7.2　林政

案例事實

三、【國、公有林地之特別使用】

在林地的特別使用上，實務上有下列案例：

❶ 某縣政府為垃圾掩埋場需要，向林區管理處申請使用林地。

❷ 蘇花公路拓寬及改線道路，需穿越花蓮林管處經管之國有闊葉林，向林務局申請撥用林地。

❸ 南投縣政府為日月潭風景特定區小船經營需要，向南投林管處使用保安林地作為船塢修理廠。

❹ 國防部早年即向林務局撥用新竹林管處經管之位於觀霧森林遊樂區上方之國有林事業區林地，作為樂山基地。

❺ 墾丁國家公園管理處為經管龍坑保護區之需要，使用屏東林管處經管之保安林地。

四、【森林內施作工程的限制】

公路總局第三區養護工程處為辦理「台24線30K+100明隧道復建工程」，依森林法第9條第1項第1款規定報經林務局屏東林區管理處實地會勘，經屏東林管處102年10月18日同意於屏東事業區第43林班 (編號2458號保安地) 施作系爭工程面積1.040公頃，並囑咐應於指定施工界限施工。嗣屏東林管處復因上訴人所請，以103年2月6日函同意以系爭林地實際所需面積1.6577公頃施作，並重申應於指定施工界限施工之意旨。然屏東林管處103年3月5日發現上訴人未依指定界限施工，旋於同年月10日會同所屬潮州工作站、系爭工程承包商正芳營造有限公司等辦理現場會勘，因認上訴人越界施工面積達0.6892公頃，違反森林法第9條，乃依同法第56條規定作成104年9月10日裁處書，處上訴人罰鍰新臺幣44萬元。

五、【林地供礦業使用之限制】

某礦業公司以其所領礦業權向羅東林管處申請核定 OO 事業區 OO 林班保留林地 20 公頃為礦業用地，進行採礦，經林管處審查後報經林務局核准同意租用林地，租用期間，發生林地土石崩落、水土流失之情形。經林管處責請進行水土保持處理。租約屆滿向林管處申請續租林地，經林管處依保安林經營準則第13條審查，期間該礦業公司為擴展採礦，復提擴大範圍新增礦業用地之申請，環保團體質疑「採礦毀林」。

法條解說

7.2.1 林業經營最高原則

64年6月，行政院通過臺灣林業經營改革三原則，其中之一為「林業之管理經營，應以國土保安之長遠利益為目標，不宜以開發森林為財源」；74年12月，本法通盤修正時，此原則入法 (本法第5條) 為：「林業之管理經營，以國土保安之長遠利益為主要目標。」揭櫫了林業的最高指導原則，也是森林法的核心價值，對森林所有人、經營者及使用者均發揮規範效果。從上一節提到的最高法院所著國有林地不適用取得時效之規定的判例，及大法官釋字第695號解釋，認為有違國土保安重大利益者，林區管理處仍得不出租國有林地與人民，均引用本條作為理由，更彰顯本條之重要性，是以，本條應定位為本法的「帝王條款」。

7.2.2 林地必須林用及公私有林之收歸國有

林地之使用，必須受地政法令之管制，編定為林業用地之土地，原則上不得供他項使用。僅能作「林業及相關設施」之使用，但經徵得直轄市、縣 (市) 主管機關同意，報請中央主管機關會經中央地政主管機關核准者，得例外供他項使用。如係原住民土地者，並應會同中央原住民族主管機關核准。(本法第6條第2項) 核准作他項使用後，則依地政法規辦理使用地變更編定。

公有林或私有林如有國土保安上或國有林經營上有收歸國有之必要，或關係不限於所在地之河川、湖泊、水源等公益需要者，得由中央主管機關收歸國有。但應予補償金（本法第 7 條第 1 項）。收歸國有之意義，即是國家依法徵收。因此，收歸國有之程序程序，明定準用土地徵收相關法令辦理（本法第 7 條第 2 項）本條使國家機關在符合公益的一定條件下，對人民之財產權予以剝奪。但應儘速給予相當之補償（大法官會議釋字 400、409、425、516、652 解釋參照）

7.2.3 國公有林地之特別使用

本法第 8 條係針對國、公有林地基於國家均衡發展、社會福祉、公共利益而得為做特別的使用。基本上，必須有特別的原因經過比較利益後始得釋出林地，應以公益為最大的依歸。條文規定：國有或公有林地有左列情形之一者，得為出租、讓與或撥用：一、學校、醫院、公園或其他公共設施用地所必要者。二、國防、交通或水利用地所必要者。三、公用事業用地所必要者。四、國家公園、風景特定區或森林遊樂區內經核准用地所必要者。違反前項指定用途，或於指定期間不為前項使用者，其出租、讓與或撥用林地應收回之。

出租，即民法第 421 條規定之租賃，承租人對林地有使用、收益之權而有支付租金之義務；讓與，應是不動產物權之移轉，為處分之意，所有權發生變更。國、公有林地之撥用，係屬使用權、管理權之讓與（最高法院 58 年臺上字第 3012 號判例、83 年度臺上字第 316 號判決參照）；於依法完成撥用程序並經地政機關辦理管理機關之變更登記後，管理機關取得管理人之名義，於撥用期間內有完整之管理權及使用權（法務部 101 年 9 月 18 日法律字第 10103107730 號函及 103 年 11 月 20 日法律字第 10303511730 號函參照）。

查森林法第 8 條第 1 項第 1 款規定「學校、醫院、公園或其他公共設施用地所必要者」在例示學校、醫院、公園之後，復以概括式語句「或其他公共設施用地」規定，係「列示概括型」之法條型式，解釋上，概括之文句不包括與例示事項不相同之事項，是以，所指「其他公共設施」，應係與學校、醫院、公園之性質相當而提供不特定人使用或政府為謀求公益直接使用之設施而言，如社教機關、體育場所、醫療衛生機構、綠地、廣場、兒童遊樂場等。實例如民間申請租用林地作老人安養院或作飛行傘基地、地方政府申請撥用國有林地作垃圾掩埋場，均不合本款之規定，主管機關無從准許。

第 2 款所指國防用地，應指為保衛國家安全而在軍事上所需要之設施而言；交通用地指一切運輸通訊之用地，如郵局、電信局、電信設備所需使用之土地，也包含公路法規定的各種道路；水利用地指水利事業應使用之土地而言，至於水利事業之定義，應以水利法第 3 條規定為準。

第 3 款規定，指公用事業用地所必要者，所指公用事業之適用範圍，應屬公共事業之一種，有別於應屬於與公眾利益有關之事業而言，如電力公司、自來水公司、瓦斯公司等。質言之，由於第 1 款、第 2 款已例示或列舉屬於公共性質之用地，故本款所稱公用事業應與民生有密切關係者為限。經目的事業主管機關認定屬於「公用事業」者，均屬於本款中的「公用事業」。〔行政院農業委員會 96 年 2 月 15 日農林務字第 0950173678 號函〕第 4 款之規定係以國家公園風景特定區是使用第所必要者而言，「森林遊樂區經核准用地所必要的」實務上，常見國家公園管理處或風景特定區管理處租用國有林地，設置相關設施。

此外，再生能源發電設備及其輸變電相關設施用地所必要及因發電業因設置電源線之用地所必要，租用國有或公有林地時，準用森林法第 8 條有關公用事業或公共設施之規定。〔再生能源發展條例第 15 條及電業法第 39 條〕

依本法第 8 條第 1 項規定，申請出租、讓與或撥用國有林地或公有林地者，應提出：需用林地之現況說明、興辦事業性質及需用林地之理由及經目的事業主管機關核定之使用計畫。如依環境影響評估法規定應實施環境影響評估，或依水土保持法規定應提出水土保持計畫或簡易水土保持申報書者，經各該主管機關審查核定後，始得辦理出租、撥用或讓與之程序。〔本法施行細則第 8 條〕

7.2.4 森林內使用林地之規範

本法第 9 條規定，於森林內興修水庫、道路、輸電系統或開發電源；探、採礦或採取土、石；興修其他工程者，應報經主管機關會同有關機關實地勘查同意後，依指定施工界限施工，且以地質穩定、無礙國土保安及林業經營者為限。

▲ 東眼山國家森林遊樂區／圖片來源：林務局影音資訊平台

如行為有破壞森林之虞者，由主管機關督促行為人實施水土保持處理或其他必要之措施，行為人不得拒絕。本條係法律就森林利用行為之規範（臺灣苗栗地方法院行政訴訟 105 年簡字第 18 號判決參照）。違反本條規定者，處 12 萬元以上 60 萬元以下之罰鍰。（本法第 56 條）

本條旨在規定，人民報經主管機關同意於森林內興修道路等工程，即負有於指定施工界限施工之義務，本條規定，具有「誡命規範」之形式外觀，課予人民事前向主管機關申請並會同勘查之作為義務，違反此項作為義務即構成違章，應依森林法第 56 條加以處罰，並不以發生一定實害結果或危險結果為必要。（臺北高等行政法院 91 年訴字第 1508 號判決參照）

本條所定：「地質穩定、無礙國土保安及林業經營」為「不確定法律概念」。參照大法官釋字第 432 號解釋，不確定法律概念，如具有下列三要件，即無違反法律明確性原則，其一，涵義尚非行政法上義務人所不能預見或難以理解，即具備可被預見性及可被理解性。其二，在個案中可憑藉專業知識及社會通念加以認定及判斷。其三，可由司法審查予以確定。本條規定符合三要件，並無違反法律明確性原則。

本條在實務上，最受矚目的是，森林內探、採礦及採取土石之審查，在國家經濟發展及森林保育間，作妥適的調和。

本條為探、採礦的限制事項，本質上為行政管制，作為事先的預防機制。採礦是否有害公益，為判斷問題，主管機關享有判斷餘地，依據科技調查所獲得的事實根據，作為判斷之基礎，且係將將國土保安及林業經營、對當地居民之維護，優先於採礦利益之考量，在此情況下，如經審查探、採礦對公益有不良影響而作成不准採礦之決定，司法機關不宜介入，應予尊重。（最高行政法院 85 年訴字第 976 號判決參照及行政院 104 年 4 月 17 日院台訴字第 1040129274 號訴願決定參照）

實務上，「地質穩定、無礙國土保安及林業經營」之判斷，應參酌行政院農業委員會「申請租用國有林事業區林班地為礦業用地審核注意事項」辦理。

尤需注意者，如果探、採礦或採取土石，是施作於保安林地內，應由開發者提具開採應備之計畫，由該中央、直轄市或縣（市）主管機關審核後邀請各該目的事業主管機關、有關機關、學者專家及森林所在地鄉（鎮、市）公所推舉具有代表性之住民實地勘查，認屬地質穩定、無礙國土保安及林業經營，始得依本法第 9 條指定施工界限及依環境影響評估法、水土保持法展開環境影響評估、水土保持計畫作業（保安林經營準則第 13 條第 1 項）。此一嚴謹規定，旨在藉重公民參與制度，作客觀合理的判斷，以免偏差，亦表對當地住民利益的維護。

7.2.5 採伐林木之限制

林木採伐，固為合理之森林更新作業，且有經營計畫，作為管控。惟基於臺灣地理環境的特殊性，在環境敏感地帶或特殊的條件下，必須限制伐木，限制並非絕對禁止，旨在規範一定期間停止林木採伐作業，或嚴格訂定作業的方式，以維國土保安。

應限制採伐之情形如下：林地陡峻或土層淺薄，復舊造林困難者；伐木後土壤易被沖蝕或影響公益者；位於水庫集水區、溪流水源地帶、河岸沖蝕地帶、海岸衝風地帶或沙丘區域者；或其他必要限制採伐地區。〔本法第 10 條〕

本條所指林地陡峻、土層淺薄、沖蝕三

名詞，宜參照山坡地可利用限度分類標準認定，坡度係指一坵塊土地之平均傾斜比，分為六級，坡度 40% 至 55% 為五級坡、55% 以上為六級坡。林地陡峻與否，宜就五級坡及六級坡範圍，就整體林分判斷之。土壤深度，應從土地表面至有礙植物根系伸展之土層深度判定之。土壤沖蝕程度嚴重，指沖蝕溝寬度逾 100 公分且深度逾 30 公分之土地，呈 U 型、V 型或 UV 複合型，仍得以植生方法救治者；極嚴重指沖蝕溝寬度逾 100 公分且深度逾 30 公分之土地，甚至母岩裸露，局部有崩塌現象者。水庫集水區，應依水土保持法第 3 條第 6 款之定義為準，指水庫大壩〔含離槽水庫引水口〕全流域稜線以內所涵蓋之地區。

7.3　森林經營及利用

案例事實

六、【原住民經部落會議決議採取國有林欅木案】

已○○、乙○○、丁○○均為居住於新竹縣尖石鄉玉峰村斯馬庫斯之原住民，前於 94 年 9 月間某日，因協助搶修通往斯馬庫斯之道路，在新竹縣尖石鄉玉峰村大溪事業局 81 林班地道路，發現因颱風及豪雨後倒伏並遭周圍崩落土石沖刷、掩蓋之國有森林主產物臺灣欅木 1 株，乃將之移置路旁。嗣後該欅木亦

為行政院農業委員會林務局新竹林區管理處發覺，於 94 年 10 月 7 日前往上開處所將該欅木樹身部分鋸下後載離，惟樹根及部分枝幹因深埋土石之中無法取出，遂於噴紅漆並烙鋼印後遺留現場。己○○、乙○○、丁○○因受部落會議指派前往搬運上開欅木 1 株，均明知上開倒伏之欅木根株屬於國有，基於意圖為自己及部落居民等第三人不法所有之犯意聯絡，於 94 年 10 月 14 日 13 時許，結夥駕駛拼裝車、不知情之曾 00 所有自用小貨車各 1 輛，前往前揭地點，先共

同以鏈鋸 1 臺，將該櫸木鋸 5 支，再由己○○駕駛怪手 1 輛將該 5 支臺灣櫸木置於上述車輛上搬離現場，合計竊得材積 3.68 立方公尺，折算山價為 79,488 元，嗣於搬運途中為新竹縣警察局橫山分局分局長戊○○、警員甲○○發覺，隨即於同日 20 時 40 分許，會同新竹林區管理處竹東工作站人員丙○○前往斯馬庫斯部落扣得鏈鋸 1 臺、怪手、拼裝車、自用小貨車各 1 輛而查獲。第一、二審均判決有罪，嗣經最高法院 98 年臺上字第 2092 號判決發回更審，最後經臺灣高等法院 98 年上更一字第 565 號判決無罪確定。

七、【人民於河床撿拾紅檜等貴重木案】

林務局花蓮林區管理處向花蓮地方法院起訴主張林 00 於民國 101 年 9、10 月間，在花蓮縣秀姑巒溪與樂樂溪等處，撿拾伊所管領之牛樟、紅檜、臺灣櫸、臺灣杉及烏心石等森林主產物，均屬依法不得撿拾之貴重木材，竟無正當權源而占有等情。依民法第 767 條、第 185 條第 1 項等規定，請求為返還系爭漂流木之判決。林 00 則主張伊係經合法申請，撿拾系爭漂流木，依森林法第 15 條第 5 項之規定，已占有取得系爭漂流木之所有權，並無任何不法。花蓮林區管理處不積極清理河域上之漂流木，俟伊費力撿拾後，始出面主張其所有權，顯然權利濫用等語，資為抗辯。最後經最高法院判決花蓮林區管理處勝訴。〔最高法院 105 年臺上字第 2297 號判決〕

八、【人民於國家森林遊樂區木棧道滑倒請求國家賠償案】

蕭○○向宜蘭地方法院起訴主張：羅東林區管理處太平山國家森林遊樂區內原始森林公園內，公有公共設施木棧道之設置、管理機關，詎其就該公園內之高架木棧道疏未設置安全護欄，且該處階梯設置之止滑砂及防滑溝槽，年久欠缺管理失去防滑效果，致伊於 99 年 4 月 16 日下午 3、4 時許，在天雨過後徒步行經該處時，因步道濕滑，踩空滑倒跌出高架木棧道，摔落深達 83 公分之林地，造成伊右側近端脛骨及腓骨骨折、右膝創傷性關節病變、右踝關節僵硬等傷害、且膝關節與足踝關節機能永久遺存顯著運動障害等，請求國家賠償；羅東林區管理處則以：伊在太平山森林公園步道入口處設置告示牌，請遊客尊重自然環境，沿途木棧道旁，亦設置「小心路滑」安全告示牌，提醒遊客注意安全。蕭○○跌落之路段，木棧道表面設有防滑溝槽及防滑砂，該路段最高處，離地面 90 公分，且坡度甚緩，為免破壞自然景觀，並無設置護欄必要，伊就公有公共設施之設置或管理，並無不當，拒絕賠償。〔臺灣高等法院 103 年上國字第 2 號判決〕

九、【國有林出租造林地位屬環境敏感地區之加強造林計畫】

立法院第 9 屆第 2 會期審議 106 年度中央政府總預算案，要求行政院農業委員會林務局提出「尚未完成造林之國有出

租造林地處理方案暨執行計畫」合法妥適性相關報告，農委會於 106 年 6 月 1 日向立法院提出報告，要旨為：本計畫於 104 年 7 月 31 日奉行政院函示辦理，對於位屬森林法第 21 條規定環境敏感地區之租地，應於 108 年開始 3 年內全面完成造林及禁止使用化學除草劑之規定，以兼顧國土保安及林農生計。

7.3.1 國有林之經營及利用

依據本法第 12 條規定，國有林由中央主管機關劃分林區管理經營之；公有林由所有機關或委託其他法人管理經營之；私有林由私人經營之。中央主管機關並得依林業特性，訂定森林經營管理方案實施之。林業經營管理方案包含各層面的事項，目前仍沿用 1989 年行政院核定之「臺灣森林經營管理方案」計有 16 點，多數均與保育政策有關，如第 1 點「臺灣林業係採保續經營原則，為國民謀取福利，積極培育森林資源，注重國土保安，配合農工業生產，並發展森林遊樂事業，以增進國民之育樂為目的」，清楚揭示林業經營之保育及永續原則，其他與保育相關之條文如：應依永續作業原則，將林地作不同之分級，並配合集水區經營需要，種植長伐期優良深根性樹種；公私有林經營應有計畫之造林及經營之輔導，以激發造林意願；對公路、鐵路、水庫、電源、水源、集水區、沿海等地區擴編保安林；森林內有危水土保持之開發應禁止；加強辦理集水區治山防洪工程，主要溪流兩岸，應設置不

少於五十公尺寬之保護林帶；限定年伐木量及皆伐面積，並對天然林，水庫集水區保安林、生態保護區、自然保留區、國家公園，及無法復育造林地區實施禁伐；伐木、火災跡地、濫墾收回地、海岸防風林、超限利用之山坡地應即實施造林；除依森林法第 8 條規定及配合政策之推行經行政院來案核准，及已出租林地另案檢討者外，國有林事業區之林地，不再放租、解除或交換使用；為永久保護森林資源，加強防範森林火災、病害、蟲害，並積極充實各項保林設備，提高機動力，發揮工作效率；為保存自然景觀之完整，維護珍貴稀有動植動之繁衍，應積極依法劃定自然、生態保護區及野生動物保護區，並供科學研究之教育之用。

為加強森林涵養水源功能，森林經營應配合集水區之保護與管理。(本法第 13 條) 森林集水區經營涉及的事項非常廣泛，從降水的量及時間分布，到地表逕流的產生、啟動表土沖蝕的因素、山坡地崩塌的機制，以至治理層面的水土災害防治、政策面的土地利用管理等，均應注意。

森林的經營，應訂定完整的經營計畫，國有林之經營，以事業區為單位，各事業區經營計畫，由各管理經營機關 - 各林區管理處 - 擬訂，層報中央主管機關核定實施。因此，此一計畫，在行政行為之分類上，屬於行政程序法第 163 條所定的「行政計畫」，係指國有林管理

經營機關為將來一定期限內達成特定之目的或實現一定之構想，事前就達成該目的或實現該構想有關之方法、步驟或措施等所為之設計與規劃，使國有林的經營的各種作業，均有所依據，達成森林資源之經營目標。此從本法第15條規定，國有林林產物年度採伐計畫，依各該事業區之經營計畫，更可明瞭。

7.3.2 原住民採收森林產物的權利

7.3.2.1 原住民採收森林產物的本質

原住民居住於國有林周邊部落，國有林為其生活領域。日常生活之食、衣、住、行、育樂、醫藥之需求，仰賴森林提供者甚多。因此，原住民於森林內採集主、副產物，從原住民觀點視之，乃為當然之事。早期，森林法授權訂定之國有林產物處分規則，即明定原住民得無償在原住民保留地內取用森林產物建造自住房屋、自用傢俱或農具。從聯合國「公民與政治權利國際公約」第27條「凡有種族、宗教或語言少數團體之國家，屬於此類少數團體之人，與團體中其他分子共同享受其固有文化、信奉躬行其固有宗教或使用其固有語言之權利，不得剝奪之」及「經濟社會文化權利國際公約」第15條1項第1款「本公約締約國確認人人有權參加文化生活。」之規定；及我國憲法我國憲法增修條文第10條第11項「國家肯定多元文化，並積極維護發展原住民族語言及文化」之規定觀察，可以肯認：原住民在森林內採取森林產物，為其文化權之一部分。從而，吾人必須承認原住民在其文化傳統上，應具有使用森林之權利。在司法實務上，即案例事實六，最高法院98年臺上字第2092號判決指出：原住民族之傳統習俗，有其歷史淵源與文化特色，為促進各族群間公平、永續發展，允以多元主義之觀點、文化相對之角度，以建立共存共榮之族群關係，尤其在原住民族傳統領域土地內，依其傳統習俗之行為，在合理之範圍，予以適當之尊重，以保障原住民族之基本權利。本此原則，原住民族基本法第30條第1項已經揭示，政府處理原住民族事務、制定法律或實施司法程序等事項，應尊重原住民族之傳統習俗、文化及價值觀等，以保障其合法權益。從而，原住民族在其傳統領域土地內，依其傳統習俗之行為，即不能完全立於「非原住民族之觀點」，而與非原住民之行為同視。〔末段的意思為：本案之行為在刑法上，應與非原住民區隔，作不同的評價。〕

7.3.2.2 本法第15條第4項之立法要旨

本法第15條第4項規定：森林位於原住民族傳統領域土地者，原住民族得依其生活慣俗需要，採取森林產物，其採取之區域、種類、時期、無償、有償及其他應遵行事項之管理規則由中央主管機關會同中央原住民族主管機關定之。從立法歷程、法條文義、立法意旨觀察，足見本法條，顯係為保障原住民族基本

權利，促進原住民族生存發展，並尊重原住民族之傳統習俗、文化及價值觀而設。在本條授權訂定之「採取規則」發布前，原住民於其所屬部族傳統領域內，採取森林產物者，縱未取得專案核准，惟若符合傳統文化、祭儀或自用，且非營利行為（即取得森林產物之目的，不是作為買賣交易或其他商業利益用途）之條件，可認係為其生活慣俗所需要，得阻卻違法；反之，則當然仍有森林法相關刑罰規定之適用。（最高法院 106 年度臺上字第 37 號判決、99 年臺上字第 6852 號判決參照）綜上所述，原住民在森林內採取森林產物之行為，合法要件有五：其一，身分上為原住民。其二，得採取之範圍，應依行政院農業委員會與原住民委員會會銜解釋：「森林法第 15 條第 4 項前段規定所稱原住民族得依其生活慣俗需要採取森林產物之森林，係指位於原住民族地區之國有林及公有林」（行政院農業委員會 106 年 6 月 29 日農林務字第 1061740632 號令），但實際上必在部族之傳統領域為之。其三，符合傳統文化、祭儀、自用等目的。其四，非營利行為。其五，應依法定方式為之，即依本法第 15 條第 4 項授權訂定之「原住民族依生活慣俗採取森林產物規則」辦理。

7.3.2.3 生活慣俗之定義及實務見解

本條項所指「生活慣俗」，指原住民族傳統文化、祭儀用之非營利行為，如有疑義，由原住民族管機關協助認定。一為生命禮俗，出生禮、命名禮、成年禮、婚禮、喪禮及其他因各生命階段變動而舉行之禮俗行為。二為祭儀，指有關於農、林、漁、牧生產活動，傳統社會制度運作及宗教信仰之祭祀禮儀行為。三為生活需要，食、衣、住、行、育、樂、醫藥等自用行為。四為其他經原住民族主管機關認定與傳統文化有關之行為（「原住民族依生活慣俗採取森林產物規則」第 3 條第 1 項第 2 項）

實務判解上，採取林產物之時機、模式、方法、價值等事項均是判斷是否符合生活慣俗或自用之指標，茲舉二例供參。最高法院 106 年臺上字 90 號判決認為：原住民既利用夜間，偷偷摸摸，先竊後藏再搬，可見行事並非公開、正大、光明，顯然係專為牟利之意圖，而竊取系爭紅檜樹瘤，應與傳統文化、祭儀或自用之目的無關。最高法院 105 年臺上字第 196 號判決認為：原住民採取之毛柿、珊瑚樹、青龍珠等樹木之山價，經行政院農業委員會林務局屏東林區管理處查訪屏東地區園藝價格，認定為 6,300 元，就被告之生活、經濟狀況、現今基本工資二萬餘元，木材價值可否謂不高，而合於一般親友禮尚往來之常態，解釋為「自用」而為生活慣俗所需，實存有疑問。

7.3.3 漂流木之處理

臺灣位處歐亞板塊與菲律賓板塊交接處，

地層極不穩定，夏季颱風帶來豪大雨，雨量超過森林植群所能負載的範圍，即可能產生坡地崩塌之現象，而原本定植於坡地之林木，遂連根隨土石及洪流漂下，形成漂流木。為刑法第 337 條所定「漂流物」之一種，漂流物係指隨水漂流之遺失物，經撈獲者。如乘船掉落水中之物或山洪暴發隨水衝流而下之私人或公有之財物、家畜。以及國有森林被水衝下之「漂流木」[褚劍鴻 1995]。

本法第 15 條第 5 項規定：天然災害發生後，國有林竹木漂流至國有林區域外時，當地政府需於一個月內清理註記完畢，未能於一個月內清理註記完畢者，當地居民得自由撿拾清理。

本條項之立法過程為，91 年間，立法委員認為雖「國有林林產物處分規則」第 16 條對於國有林區域外漂流木，開放予人民或團體得申請打撈，但該規定申請手續繁雜，也未能考量個人撿拾無經濟價值木屑之問題，為明確釐清各級單位對於漂流木之清理責任、清理期間，並考量民眾自願協助清理情形，以增強清理效率及節省行政資源，提出增定本項為：「國有林竹木漂流至國有林區域外時，應由當地縣(市)政府於發現漂流竹木起 15 日內清理；未能於 15 日內清理畢者，得於公告 3 日後，准許人民就非貴重木材撿拾清理」之議案。以此條文排除國有林林產物處分規則之適用。經立法院經濟及能源委員會審查後，修正為「天然天然災害發生後，國有林竹木漂流至國有林區域外時，當地政府需於一個月內清理註記完畢，未能於一

個月內清理註記完畢者，當地居民得自由撿拾清理」，除將政府清理期間由 15 日延長為一個月外，亦取消人民僅得撿拾非貴重木材之限制。

自由撿拾漂流木之範圍，是否包括紅檜、臺灣扁柏等貴重木，引發爭議，法務審查臺灣高等法院檢察署 92 年法律座談會，從上述立法沿革觀之，認為不論立法者之考量為何，其有意開放人民亦得撿拾貴重之漂流木，應無庸置疑。至於各級法院的見解，正反互見，最近一則最高法院 105 年臺上字第 2297 號判決，引用本法第 3 條第 2 項「森林以國有為原則」之規定，及本項立法委員提案之立法目的僅在提昇人民撿拾規定之法律位階，避免民眾因撿拾無經濟價值之碎木而誤觸法令受罰，並無改變人民撿拾漂流木限制現狀之意。而認為：國家於清理期後拋棄所有權之漂流木範圍係有所限制，自由撿拾之漂流木以不具經濟價值之碎木殘枝為原則，貴重木材不包括在內。為解決此一爭議，行政院已於 105 年 3 月 24 日通過；嗣於 105 年 10 月 17 日再重新提出本條修正條文如下：天然災害發生後，國有林竹木漂流至國有林區域外時，各級政府及公共事業需於一個月內清理註記完畢者，未於所訂期間清理註記完畢之漂流竹木，當地居民依主管機關公告指定期間、區域及其他應遵行事項，得自由撿拾清理。除原住民為傳統文化、祭儀或自用之需外，不得撿拾中央主管機關依第 52 條第 4 項公告為貴重木之樹種。

7.3.4 森林遊樂區與自然保護區

7.3.4.1 森林遊樂區

在 65 年訂定臺灣林業經營改革方案中，已揭櫫「為因應國民休閒及育樂之需要，林業主管機關應積極規劃開發森林遊樂區，充實必要之遊樂設施」之政策。74 年 12 月，森林法通盤檢討修正，即將此一政策入法，明定森林區域內，經環境影響評估審查通過，得設置森林遊樂區；其設置管理辦法，由中央主管機關定之。87 年 5 月 27 日增訂第 2 項：森林遊樂區得酌收環境美化及清潔維護費，遊樂設施得收取使用費；其收費標準，由中央主管機關定之。(本法第 17 條)

森林遊樂區之定義為：指在森林區域內，為景觀保護、森林生態保育與提供遊客從事生態旅遊、休閒、育樂活動、環境教育及自然體驗等而設置之育樂區，其條件為：富教育意義之重要學術、歷史、生態價值之森林環境；或特殊之森林、地理、地質、野生物、氣象等景觀。以面積不少於五十公頃，具有發展潛力者為限。程序上必須經中央主管機關核定。經營上劃分為營林區、育樂設施區、景觀保護區、森林生態保育區 (森林遊樂區設置管理辦法第 2 條、第 3 條、第 8 條)。

在各項設施之管理上，最應注意安全，因此，森林遊樂區因天然災害或其他原因致有安全之虞者，管理經營者應即於明顯處為警告及停用之標示，並禁止遊客進入；其各項設施有危及遊客安全之虞者，管理

經營者應即停止遊客使用，並於明顯處標示 (森林遊樂區設置管理辦法第 16 條)。

國、公有林的森林遊樂區屬於國家賠償法 (108 年 12 月 8 日修正) 第 3 條第 3 項所定的「開放之山域、水域等自然公物」。管理目的多係以維持原有生態、地形與地貌為管理原則，無法全面性地設置安全輔助設施，亦不宜或難以人為創造或改正除去風險，此與一般人工設置之公共設施 (例如：公園、道路、學校、建物等)，係由國家等設計、施作或管理，以供人民為該特定目的之使用者，性質上仍有差異。因此，課責程度亦應有所不同。如管理機關、受委託管理之民間團體或個人已經做好適當之警告或標示，而人民仍從事冒險或具危險性活動情事者，國家於此狀況下不負損害賠償責任。至於為警告或標示的方法，應考量天候、地理、景觀維持及環境保護等條件或因素，綜合決定採用一種或數種方式，不以實體方式 (例如：標示牌、遊園須知告示、門票、入園申請書、登山入口處等適當處所警告或標示) 為限，或於管理機關之網站為警告或標示，亦無不可。(國家賠償法第 3 條第 3 項及立法理由參照)

另一方面，森林遊樂區內的設置其他直接供公眾使用之人工設施，例如：人工棧道、階梯、護欄、吊橋、觀景台、涼亭、遊客中心、停車場等，因此等設施坐落於開放之山域、水域內，使用該設施之風險未必皆能由管理機關等予以完全掌握控制，是以，如經管理機關等已就使

用該人工設施為適當之警告或標示，而人民仍從事冒險或具危險性活動所致生之損害，不能完全歸責於國家，於此情況下，得減輕或免除國家應負之損害賠償責任。(國家賠償法第 3 條第 4 項及立法理由參照)

7.3.4.2 **自然保護區**

為實踐 79 年訂定的臺灣森林經營管理方案第 13 點「為保存自然景觀之完整，維護珍貴稀有動植物之繁衍，應積極依法劃定自 然、生態保護區及野生動物保護區，並供科學研究及教育之用」的政策，本法於 93 年 月增訂第 17 條之 1 為：為維護森林生態環境，保存生物多樣性，森林區域內，得設置自然保護區，並依其資源特性，管制人員及交通工具入出；其設置與廢止條件、管理經營方式及許可、管制事項之辦法，由中央主管機關定之。

自然保護區的設置條件為下列情形之一者：具有生態及保育價值之原始森林；具有生態代表性之地景、林型；特殊之天然湖泊、溪流、沼澤、海岸、沙灘等區域；保育類野生動物之棲息地或珍貴稀有植物之生育地或其他經主管機關認定有特別保護之必要。經營上，由管理經營機關視自然保護區內環境特性及生態狀況劃分下列各區經營：核心區指受保護對象之主要生存、棲息、繁衍及族群最集中或地質地形最脆弱敏感之區域，並具易辨識區隔之天然或人為界線，區內僅供科學研究及生態監測活動；緩衝區指位於核心區外圍，隔離外界與核心區，以減少外在環境對核心區之影響。區內可進行與核心區相關之科學研究與生態及人文監測活動，並容許有限度之環境教育活動;永續利用區：指位於緩衝區外圍，以維護保育對象的生存、繁衍，並促進鄰近社區之發展，區內資源容許有限度之利用。(自然保護區設置管理辦法第 2 條及第 7 條)

▲ 翠峰湖 / 圖片來源：林務局影音資訊平台

7.3.5 森林所有人使用他人土地的權利（林地利用關係）

本法第 20 條規定：森林所有人因搬運森林設備、產物等有使用他人土地之必要，或在無妨礙給水及他人生活安全之範圍內，使用、變更或除去他人設置於水流之工作物時，應先與其所有人或土地他項權利人協商；協商不諧或無從協商時，應報請主管機關會同地方有關機關調處；調處不成，由主管機關決定之。

本條規定之性質應是「役權」之一種，役權，指允許某土地或某人利用他人之物者，其土地或其人對於他人之物有物權，統稱役權。分為地役權與人役權，前者為允許某土地利用他人土地之物權；後者為允許某人利用他人之物之物權。例如為自己土地通行便利起見，於他人土地有修造道路之物權，為地役權；（如我民法第 851 條所定：稱不動產役權者，謂以他人不動產供自己不動產通行、汲水、採光、眺望、電信或其他以特定便宜之用為目的之權。）如所有人以其所有物，供他人使用或收益之物權，為人役權。歐洲諸國民法定有地役權與人役權，在東亞各國則僅有地役權。學者謝在全認為：我國民法不採人役權制度，但在法律與實務運作上，不乏人役權色彩之權利出現，森林法第 21 條，即應屬人役權。（氏著民法物權論中冊頁 122，原文為「難謂非人役權」）。吳庚氏則認為：本條所定情形，當事人間所發生者乃特別的地役權，純粹為私法上關係，僅於

協議不成時，允許公權力介入而已，此與耕地三七五減租條例授權行政主管機關調處租佃爭執，如出一轍，與私人間行政契約必須發生公法上權利義務之設定、變更或消滅者完全不同。（氏著行政法之理論與實用第 12 版第 425 頁）

7.3.6 限期完成造林及必要之水土保持處理的林業用地

本法第 21 條規定：「主管機關對於左列林業用地，得指定森林所有人、利害關係人限期完成造林及必要之水土保持處理：一、沖蝕溝、陡峻裸露地、崩塌地、滑落地、破碎帶、風蝕嚴重地及沙丘散在地。二、水源地帶、水庫集水區、海岸地帶及河川兩岸。三、火災跡地、水災沖蝕地。四、伐木跡地。五、其他必要水土保持處理之地區。」本條是國土保安條款，旨在規範主管機關對於環境敏感地區及伐木後的跡地，得本於公權力，對森林所有人或利害關係人，限期完成造林或必要之水土保持處理，以期恢復森林生態功能。條文所指的利害關係人，參酌水土保持法第 4 條對水土保持義務人之定義，應指森林所有人以外之森林經營人或使用人。

沖蝕是自然界中的沖蝕力大於土壤的抗蝕力而產生的最後結果，乃一種自然現象，係地形演變必經之過程。美國水土保持學會（1971 年）將沖蝕定義為：「水、風、冰或重力等力量，對陸地表面的磨蝕，或造成土壤、岩屑的分散與移動。」

坑溝沖蝕形成地表深溝,由紋溝形成,紋溝在流水動能一直供應的情形下,其側蝕作用、向源侵蝕、和下切作用,均同時進行。側蝕作用使得紋溝變寬,頭蝕作用使得紋溝加長,下切作用使得紋溝加深。由這三種作用同時且持續的進行,使紋溝變成大溝或深溝,致土地變得破碎,必須整治。

有關陡峻裸露地之認定方式,裸露可以目視或空照確認,陡峻則須依據水土保持技術規範第 23 條規定之山坡地坡度判斷,山坡地坡度係指一坵塊土地之平均傾斜比,分為 6 級。

依據行政院農業委員會水土保持局編印之崩塌地調查規劃與設計手冊所敘,崩塌係泛指一切土石移動的現象,包括崩 (collapse)、坍 (slump)、滑 (sliding)、陷 (caving)、落 (falling) 等,較常見的為山崩、地滑、潛移、土石流、及沖蝕等類型。崩塌地處理係以防止和控制崩塌地之發生,減輕或消除其造成之災害,維繫水土資源之有效與永續利用為目的。

破碎帶之定義,依據水土保持技術規範第 147 條第 4 款第 4 目所定岩層構造分類,指坡面之構成岩體受岩層之褶皺或破碎,致層面等規則性不連續面對坡面之發育不具影響者。

風蝕作用即是風吹過地表造成的沖蝕作用。風蝕作用主要是透過兩個過程進行:一是風磨蝕作用 (abrasion),一是風吹蝕作用 (deflation)。風磨蝕作用是指風攜帶的砂石磨蝕岩石或地層的一種破壞作用。通常風帶動的砂石大半都集中在地面及地面以上半公尺高的空中。風吹蝕作用是指風將未固結的物質吹走的一種破壞作用。在臺灣沿海地帶,這兩種破壞作用均常出現。

水源地帶分為依飲用水管理條例劃定之水源水質保護區及依自來水法劃定公布之水質水量保護區,分由行政院環保署及經濟部主管。

水庫集水區的定義,以水土保持法第 3 條規定為準。

海岸地區,依據海岸管理法第 2 條第 1 款規定,指內政部依環境特性、生態完整性及管理需要,在一定原則下劃定公告之陸地、水體、海床及底土;必要時,得以坐標點連接劃設直線之海域界線。

7.4 保安林

案例事實

十、【私有保安林所有權人以其林地經編定使用分區為住宅專用區為由申請解除保安林案】

張○○於 101 年 3 月 6 日向林務局羅東林區管理處解編申請書係主張其私有林地業經劃定為變更台北市○○溫泉親水公園附近地區主要計畫案，及變更台北市○○溫泉親水公園附近地區細部計畫之範圍，土地使用分區為特定休閒旅館住宅專用區，已符合保安林解除審核標準第 2 條第 1 項第 4 款之規定，故應予解除保安林。並提變更台北市○○溫泉親水公園附近地區細部計畫公告及台北市都市發展局 101 年 2 月 20 日北市都規字第 10130892000 號函為據。中央主管機關以不符保安林解除審核標準規定，予以否准。

法條解說

7.4.1 保安林編入要件及經營原則

不論森林所有權屬，森林如有為預防水害、風害、潮害、鹽害、煙害；為涵養水源、保護水庫；為防止砂、土崩壞及飛沙、墜石、泮冰、頹雪等害；為國防上、公共衛生、航行目標、漁業經營；為保存名勝、古蹟、風景、自然保育等情形之一所必要者，應由中央主管機關編為保安林。〔本法第 22 條，條文所指泮冰之「泮」是溶化之意；頹雪之「頹」是崩壞之意。〕

保安林之管理經營，不論所有權屬，均以社會公益為目的。各種保安林，應分別依其特性合理經營、撫育、更新，並以擇伐為主。並授權中央主管機關會同有關機關訂定保安林經營準則，以為依據。〔本法第 24 條第 1 項〕非經主管機關核准或同意，不得於保安林伐採、傷害竹、木、開墾、放牧，或為土、石、草皮、樹根之採取或採掘。主管機關對於保安林之所有人，得限制或禁止其使用收益，或指定其經營及保護之方法。違反上述規定，主管機關得命其造林或為其他之必要重建行為。〔本法第 30 條第 1 項〕因此，森林經編入保安林後，除第 31 條第 1 項禁止採伐竹木之特別規定外，並非絕對禁止使用收益，仍可依上述各種規定繼續經營。〔改制前行政法院 76 年判字第 281 號判決參照〕

7.4.2 保安林之解除要件

保安林無繼續存置必要時，得經中央主管機關核准，解除其一部或全部〔本法第 25 條第 1 項〕。由於「無繼續存置之必要」一詞，在執行上必須具體明確，本條第 2 項授權中央主管機關訂定「保安林解除審核標準」以為審查準據。規定在符合下列情形之一者，始可解除：本法第 8 條第 1 項各款所列用地所必要；經中央目的事業主管機關審查認定為推動產業或公共利益所必要之計畫用地，並經行政院同意；自然現象之地理環境變動，致保安林遭受破壞，無法恢復營林之用；為配合地籍界線、天然地形、林班界等修正保安林界所必要；原保安林之功能及效用，為他保安林所取代；原受益或保護對象已不存在；82

年 7 月 21 日前，已非營林使用且無法復育造林之保安林地。如屬坡度超過 55% 或沖蝕程度屬極嚴重、土石易崩塌流失之保安林地，或其他依法公告為不得開發之地區，則不得解除。(保安林解除審核標準第 2 條、第 3 條)

實務上，如案例事實十，常有保安林經都市計畫地方主管機關編定為住宅區、遊憩區旅館用地，此種情形得否據以作為解除保安林之理由？其實，內政部 88 年 6 月 15 日台 (88) 內營字第 8873457 號函檢送之會議紀錄、92 年 8 月 12 日台內營字第 0920088265 號函，均認為依森林法編入之保安林，雖依都市計畫法規定劃設為公共設施用地，其依都市計畫法規定興闢設施時，仍應先依森林法規定，租用或專案報請解除保安林。因此，土地縱已依都市計畫法規定變更使用類別，惟是否得解編保安林，仍應依森林法之規定審查，尚難作為解編保安林之依據。(臺北高等行政法院 102 年訴字第 1274 號判決參照)

7.4.3 編入或申請解除保安林之程序

保安林之編入或解除，得由森林所在地之法人或團體或其他直接利害關係人，向直轄市、縣 (市) 主管機關申請，層報中央主管機關核定。但森林屬中央主管機關管理者，逕向中央主管機關申請核定。(本法第 26 條) 所稱直接利害關係人，係指法律上之利害關係人，不含經濟上之利害關係人。無權占有保安林者，自非本條所稱利害關係人，不得申請解除保安林。(最高行政法院 96 年判字第 28 號判決參照)

保安林之解除，特別注重公共參與程序，特規定保安林解除審議委員會應有保安林當地住民三人參與。(保安林解除審核標準第 6 條) 此外，一般人就保安林編入或解除，有直接利害關係者，對於其編入或解除有異議時，自公告日起三十日內，向當地主管機關提出意見書。(本法第 28 條)

7.4.4 禁止伐採之補償

禁止砍伐竹、木之保安林，其土地所有人或竹、木所有人，以所受之直接損害為限，得請求補償金。如係因主管機關命其造林者，其造林費用視為直接損害，由中央政府補償之。但得命由因保安林之編入特別受益之法人、團體或私人負擔其全部或一部。(本法第 31 條)。

依社會通念，土地所有人或竹、木所有人因法律規定禁止採伐，形成個人財產權利益之特別犧牲，而社會公眾並因此受益，自應享有相當補償之權利，國家自應給予相當之補償 (釋字第 400 號、440 號解釋參照)。

7.5.1 森林警察之設置

本法第 32 條規定：森林之保護，得設森林警察；其未設森林警察者，應由當地警察代行森林警察職務。此規定應為設森林警察之法源，由於法條以「得」而非「應」，致多年來未能落實，目前，僅以內政部警政署保安警察隊充之。惟中央主管機關依本法第 38 條之 1 訂定之森林保護辦法第 7 條規定，森林警察應配合中央主管機關執行違反森林法、野生動物保育法及文化資產保存法之查報、制止及取締工作。

7.5.2 森林區域引火之限制

森林區域引火，稍有不慎，即有可能引起森林火災，本法第 34 條規定：森林區域及森林保護區內，不得有引火行為。但經該管消防機關洽該管主管機關許可者不在此限，並應先通知鄰接之森林所有人或管理人。經許可引火行為時，應預為防火之設備。違反者，依本法第 56 條處行政罰，此條係規範環境行政管制之作為之例 [柯澤東 1990]。

7.5.3 森林生物危害之預防與撲滅

森林生物危害指極少數外來或本土的昆蟲、病原體、囓齒動物或雜草等林業有害生物直接或間接地危害森林中的木本植物，進而損害森林生態系統的整體結構或功能，帶來嚴重的經濟、社會和生態

等損失。森林中的微生物、昆蟲、鼠類的生存和活動，當其超過一定限度時，會造成使林木死亡，減產，稱為森林病蟲鼠害，亦稱森林生物災害。實務上，樹木由於所處的環境不適，或受到其他生物的侵襲，使得正常的生理程序遭到干擾，細胞、組織、器官受到破壞，生長發育受阻，在生理及形態上發生一系列失常的現象，進而引致植株損害。而且，病原生物侵染林木會引起相互傳染的病害，形成侵染性病害。歷年來，最重要的案例為 1980 年代發生之松樹萎凋病，及 2000 年發生的蘇鐵白輪盾介殼蟲為害蘇鐵科植物。經過多年防治，才得以控制。

森林生物危害必須積極有效防治，本法賦予森林所有人應負起責任，森林發生生物為害或有發生之虞時，森林所有人，應撲滅或預防之。並規定於必要時，經當地主管機關許可，得進入他人土地，為森林生物為害之撲滅或預防，如致損害，應賠償之 [本法第 37 條]。森林生物為害蔓延或有蔓延之虞時，主管機關得命有利害關係之森林所有人，為撲滅或預防上所必要之處置。撲滅預防費用，以有利害關係之土地面積或地價為準，由森林所有人負擔之。但費用負擔人間另有約定者，依其約定。[本法第 38 條]

7.6.1 本章的立法目的

本法第 3 條第 1 項所稱之森林,並未包括林地以外之竹、木。為減少樹木不當保護事件之發生,應增加平地樹木保護規範,並與森林管理區隔,例如空間上與週邊明顯區分之樹木 (如植物園、公園)、行道樹、私人種植之單株樹木等均應予以保護。本法乃於 104 年 6 月增訂有關森林以外樹木保護事項之專章,以資明確。

7.6.2 受保護樹木之保護

受保護樹木應經由普查後始得確認,俾加以保護。且經主管認定之受保護樹木,後續將受行政管制規範,應予公告,以維護人民權益。爰規定地方主管機關應對轄區內樹木進行普查,具有生態、生物、地理、景觀、文化、歷史、教育、研究、社區及其他重要意義之群生竹木、行道樹或單株樹木,經地方主管機關認定為受保護樹木,應予造冊並公告之。經公告之受保護樹木,地方主管機關應優先加強保護,維持樹冠之自然生長及樹木品質,定期健檢養護並保護樹木生長環境,於機關專屬網頁定期公布其現況。(本法第 38 條之 2)

土地開發利用範圍內,有經公告之受保護樹木,應以原地保留為原則;非經地方主管機關許可,不得任意砍伐、移植、修剪或以其他方式破壞,並應維護其良好生長環境。開發利用者須移植經公告之受保護樹木,應檢附移植及復育計畫,提送地方主管機關審查許可後,始得施工。(本法第 38 條之 3 第 1 項、第 2 項)

受保護樹木之移植,如有不慎,將造成不可逆的損害,因此,公共參與之程序,非常重要。本法規定地方主管機關受理受保護樹木移植之申請案件後,開發利用者應舉行公開說明會,徵詢各界意見,有關機關 (構) 或當地居民,得於公開說明會後十五日內以書面向開發利用單位提出意見,並副知主管機關。地方主管機關於開發利用者之公開說明會後應舉行公聽會,任何民眾得提供意見供地方主管機關參採;其經地方主管機關許可並移植之受保護樹木,地方主管機關應列冊追蹤管理,並於專屬網頁定期更新公告更新其現況 (第 38 條之 4)。在實務運作上,受保護樹木是否確定無法原地保留,應俟公聽會舉行並經樹木保護審議會審議、經主管機關許可後,始能決定。

受保護樹木經地方主管機關審議許可移植者,地方主管機關應命開發利用者提供土地或資金供主管機關補植,以為生態環境之補償 (本法第 38 條之 5 第 1 項)。補值即是異地補償,開發基地附近是否有土地可供補植樹木,宜視個案考量,爰規定生態補償之土地區位選擇、樹木種類品質、生態功能評定、生長環境管

理或補償資金等辦法，授權由地方主管機關定之。[本法第 38 條之 5 第 2 項]

7.6.3 森林以外之樹木保護與管理證照制度

基於樹保團體及市民多為樹木修剪、移植等作業方式，發生樹木死亡而有爭議。本法參酌水土保持法第 6 條規定，納入一定規模以上之樹木修剪、移植等樹木保護與管理、應有林業等專業技師負責，可減少外界質疑，並達到樹木保護之立法目的。第 38 條之 6 規定：樹木保護與管理在中央主管機關指定規模以上者，應由依法登記執業之林業、園藝及相關專業技師或聘有上列專業技師之技術顧問機關規劃、設計及監造。並規定中央主管機關應建立樹木保護專業人員之培訓、考選及分級認證制度；其相關辦法由中央主管機關會商考試院及勞動部等相關單位定之。以期有效管理，提昇執業品質。

7.7 獎勵與監督

案例事實

十一、王君其所有坐落花蓮縣卓溪鄉○○段○○○○號土地，向花蓮縣政府申請參加民國 91 年度全民造林計畫，經花蓮縣政府核定獎勵造林面積為 4.5 公頃，造林樹種為櫸木，株數為 9,000 株，獎勵期間 20 年，而自 91 年度至 100 年度逐年核造林獎勵金。嗣行政院農業委員會林務局花蓮林區管理處，於 101 年 3 月 15 日會勘，發現系爭土地並無造林事實，經花蓮縣政府限期改善未完成，縣府遂廢止原獎勵造林處分，並追繳王君已領取 91 年度 100 年之造林獎勵金。

法條解說

7.7.1 森林登記

本法第 39 條規定：森林所有人，應檢具森林所在地名稱、面積、竹、木種類、數量、地圖及計畫，向主管機關申請登記。森林登記規則，由中央主管機關定之。森林登記之意義，主要在於便於主管機關掌握森林資源，作為全國的森林資源調查的基礎資訊，另為有效行使政府給付行政之作為，凡欲依第 48 條申請造林獎勵金者，主管機關將要求完成森林登記，俾便查考。

森林登記的效力，為林地管理上關鍵性問題。依本條及森林登記規則第 2 條、第 3 條規定，林地雖未依土地法及土地登記規則為總登記，如曾向森林法主管機關申請登記，載入圖簿，則已完成登錄，非未登記之土地，故林業主管機關之登記簿記載，與依土地登記規則所為之登記應有同一效力。[最高法院 96 年

臺上字第 1110 號判決參照）

7.7.2 指定森林荒廢情形之經營方法

為貫徹本法保育森林資源，發揮公益及經濟效用之立法宗旨，主管機關對於森林之荒廢之情形，應採取有效的行政行為，本法第 40 條規定：森林如有荒廢、濫墾、濫伐情事時，當地主管機關，得向所有人指定經營之方法。違反指定方法或濫伐竹、木者，得命令其停止伐採，並補行造林。此條規定應屬主管機關為達到保育森林資源之行政目的，以輔導、協助、勸告、建議方式對森林所有人提出適當之處置，以避免森林荒廢，為行政程序法第 165 條所定「行政指導」（行政院農業委員會 101 年訴字第 1010731103 號訴願決定書參照）。惟在國有林事業區出租造林案件，如以出租機關對承租人提出經營方法，並聲明如未履行，將終止租約，收回林地，則係催告承租人履行債務，發生私法上的效果。如主管機關依本條第 2 項命森林所有人實施造林，則應屬行政處分。森林所有人如受造林之命令，而怠於造林者，該管主管機關得代執行之。造林所需費用，由該義務人負擔。（本法第 41 條）

7.7.3 森林區域之零污染

本法第 43 條規定：森林區域內，不得擅自堆積廢棄物或排放污染物。旨在維護森林區域之零污染。但是，如果行為人將廢土傾倒於他人林地上，係以拋棄之意思為之，對於他人所有之林地，亦非因傾倒廢土而獲得事實上管領之力，應

不能成立本法第 51 條之罪，應依第 56 條之 1 規定處行政罰。（臺灣高等法院 89 年訴字第 77 號判決及最高法院 105 年臺上字第 261 號判決參照）

7.7.4 林產物伐採運銷之行政管制

本法第 45 條第 1 項，規定：凡伐採林產物，應經主管機關許可並經查驗，始得運銷；其伐採之許可條件、申請程序、伐採時應遵行事項及伐採查驗之規則，由中央主管機關定之。本條亦為行政管制之措施，森林法關於伐採行為，並非不許人民為之，僅是基於森林保育之立場，採取「許可」、「查驗」並重制度（最高行政法院 91 年判字第 1742 號判決參照）。行政許可，重在事前管制，如有違反，則予事後裁罰。許可係將人民的基本權，在公益考量下，先予以凍結，經過主管機關之審查後，再予回復。林產物之採伐，涉及國土保安，且本法第 10 條訂有限制伐採之情形，因此，必須透過行政管制後核發採取許可證，以維公益。

林產物伐採查驗包括林產物放行查驗、林產物搬運查驗、伐採跡地查驗三種（林產物伐採查驗規則第 3 條）。主管機關，應在林產物搬運道路重要地點，設林產物檢查站，檢查林產物（本法第 45 條第 2 項）。主管機關或有偵查犯罪職權之公務員，因執行職務認為必要時，得檢查林產物採取人之伐採許可證、帳簿及器具材料（第 45 條第 3 項）。凡此，均在防範不法情事發生。

7.7.5 獎勵造林

為厚植國家森林資源，本法第 48 條規定：為獎勵私人、原住民族或團體造林，主管機關免費供應種苗、發給獎勵金、長期低利貸款或其他方式予以輔導獎勵。並授權中央主管機關會同原住民主管機關訂定獎勵輔導造林辦法，獎勵輔導的對象為：私有林地之所有人、原住民保留地之所有人或具原住民身分之原住民保留地合法使用人、於山坡地範圍內農牧用地上實施造林之土地所有人或合法使用人、依本法第 4 條所定視為森林所有人者及其他依法得做林業使用地區實施造林之土地合法使用人。符合上述要件者，得申請造林獎勵金、免費供應種苗及長期低利貸款。（獎勵輔導造林辦法第 2 條）行政院農業委員會林務局為正確落實森林法第 48 條之法意，特訂有「獎勵造林審查要點」為細節性、技術性之規定，性質上為行政規則，作為審查依據。

主管機關核定獎勵造林，性質上為授益的行政處分。行政實務上，主管機關要求相對人出具切結書，承諾履行一定作為（實施新植造林並撫育成林）或不作為（不得毀損林木）義務後始作成行政處分。因此，授益處分的相對人對行政機關負有切結書所宣示之義務，係「負擔」，並構成行政機關當初願意作成授益處分的關鍵考量因素。此於學說上，有稱之為「準負擔」或「處分外負擔」，與行政程序法第 123 條第 3 款所指之「負擔」雖不相同，但確實發揮與負擔相同的功能。因此，在相對人不履行該等準負擔時，行政機關應有權廢止原授益處分。（最高行政法院 104 年度判字第 523 號判決參照）

7.7.6 造林基金之設置

為實現獎勵造林，必須有專門用途且充裕之基金，始能有效達成。本法第 48 條之 1 規定：為獎勵私人或團體長期造林，政府應設置造林基金；其基金來源如下：由水權費提撥、山坡地開發利用者繳交之回饋金、違反本法之罰鍰、水資源開發計畫工程費之提撥、政府循預算程序之撥款、捐贈及其他收入。

基金來源其最重要的是，山坡地開發利用者繳交之回饋金，其立法目的在於抑制山坡地開發利用，行政院訂有山坡地開發利用回饋金繳交辦法，以為執行依據。回饋金之性質為「特別公課」，特別別公課之定義，依據德國學者的見解，係具備社會形成功能之財政工具，其課徵的目的在於實現特殊的任務，尤其是經濟與社會之目的，而非僅限於財政目的；其收入只能用於特定之任務，不能用於一般性之任務（何愛文 1994）。法務部 101 年 12 月 14 日法律字第 10103110750 號說明指出：「按現行法規中所稱「回饋金」之涵攝範圍，似指因行政處分或行政行為，而獲有利益者

（包括個人、法人或行政機關）繳納其因而所受利益之一定比例金額予行政機關作為公益及社會福利之支出。森林法第48條之1第2項及山坡地開發利用回饋金繳交辦法就回饋金亦有類似規範。」

大法官釋字第426號解釋理由書指出：國家為一定政策目標之需要，對於有特定關係之國民所課徵之公法上負擔，並限定其課徵所得之用途，在學理上稱為特別公課，乃現代工業先進國家常用之工具。特別公課與稅捐不同，稅捐係以支應國家普通或特別施政支出為目的，以一般國民為對象，課稅構成要件須由法律明確規定，凡合乎要件者，一律由稅捐稽徵機關徵收，並以之歸入公庫，其支出則按通常預算程序辦理；特別公課之性質雖與稅捐有異，惟特別公課既係對義務人課予繳納金錢之負擔，故其徵收目的、對象、用途應由法律予以規定，其由法律授權命令訂定者，如授權符合具體明確之標準，亦為憲法之所許。

有關山坡地開發利用者回饋金繳交辦法是否違背母法，人民爭訟不休，最高行政法院102年判字第773號判決指出：森林法規範對山坡地開發利用者，課予繳交回饋金，應係著眼於開發利用山坡地行為對森林資源之存續，有重大影響，而由開發使用者負回饋義務，並非全然基於處罰山坡地開發者破壞林相之立場，

且其採取之手段與目的間，存有實質關連，屬保存森林資源之必要措施。又回饋金繳交辦法係主管機關行政院農業委員會根據森林法第48條之1授權訂定，為對於具有特定關係（山坡地開發利用關係）之國民所課徵之公法上負擔，關於回饋金繳交義務人、計算方式、繳交時間、期限與程序及其他應遵守事項所為細節性、技術性之統一規定，並未逾越母法之授權範圍，亦無不當連結之情形。（各行政法院亦有甚多相同或類似的見解）

一言以蔽之，國家收取本條所定之回饋金，充裕造林基金，再於其他地方實施造林，對於山坡地之開發利用，具有抑制及衡平的效果。

案例事實

十二、【人民在林區管理處管轄之河床上擅取紅檜漂流木案】

李○○係在宜蘭縣大同鄉○○村○○○路○○巷○○號慈惠堂附近之石門溪河床上,屬羅東林管處所管領之羅東事業區第 25 林班地,取得紅檜 2 支﹝材積分別為 0.06 立方公尺、0.10 立方公尺,合計 0.16 立方公尺,山價合計為新臺幣 18,200 元﹞等情,該紅檜雖在河床上但仍在森林內,未脫離管理機關之管領,換言之森林區內之竹木、殘材等主產物縱隨水漂流,倘仍留滯留在「森林內」,而在管理機關持有或管領力支配下,仍屬森林主產物,如予竊取,自係竊取森林主產物。應依森林法第 52 條論罪﹝最高法院 107 年度臺上字第 1336 號刑事判決﹞。

十三、【趙姓企業家認養國有林地卻改建墓園案】

○○企業集團總裁趙○○在苗栗縣後龍鎮認養「天水園」公園,「天水園」占地八百多坪,精省後改屬營建署新生地開發局管理,交由苗栗縣後龍鎮公所維護,闢建公園利用,財團法人○○文教基金會認養公園廣植花木並對外開放,卻變相成為趙氏墓園。苗栗地檢署認定包括趙母 105 年墳墓在內,涉嫌竊佔國有保安林地約 27.8 坪,107 年 7 月 10 日

依違反森林法罪嫌起訴趙○○。檢方指出,此罪可處六月以上、五年以下有期徒刑,得併科 60 萬元以下罰金,因土地屬保安林地,得加重其刑至二分之一。﹝見 107 年 7 月 10 日各媒體新聞﹞

十四、【原住民依傳統慣俗葬其母於地方政府規劃為公墓之國有林地案】

潘○○為原住民明知坐落新北市○○區○○段○○○○○○地號土地,係中華民國所有,由行政院農業委員會林務局新竹林區管理處管理之土地,為森林法所稱之林地,屬國有林地,非經林務局之核准或同意,不得擅自墾殖或占用,竟意圖為自己不法之利益,自 101 年 2 月 25 日起至同年 3 月底止,在上開土地擅自建造立有「主內潘○○○墓」墓碑之墳墓一座,竊佔上開土地面積計 16 平方公尺。嗣林務局新竹林管處烏來工作站護管員庚○○,於 101 年 3 月 16 日,執行林地護管工作時發現,報經檢察官提起公訴認被告潘○○所為,係犯森林法第 51 條第 1 項於他人林地內擅自占用罪。嗣臺灣臺北地方法院 101 年度審訴字第 1139 號判決無罪。

十五、【農民引火整修水管引起森林火災案】

乙○○受戊○○指示,以戊○○提供之塑膠水管、噴燈、膠水、鋸片等工具,於 91 年 1 月 11 日上午 9 時許修復,梨

山林地內果園內之破裂水管。乙○○以噴燈點火燒烤塑膠水管進行水管換接工作時，戊○○與乙○○本應注意換接水管地點遍佈枯草，且換接處上方即生長大量芒草，其使用火源之火星易噴射，為免引燃枯草，自須將換接水管處周遭一定範圍內之枯草予以清除；又為免施工中不慎引燃之枯草隨風四處飄散，亦應設置適當之防護阻隔措施；且為免施工後有殘留餘火而引燃芒草以致延燒森林，亦應於施工後，從速檢查現場有無殘留餘火，而依當時情形並無不能注意之情事，且按其情節又非不能注意，渠等竟均疏未注意，並未清除施工處周圍之枯草及設置適當防護阻隔措施，即在遍佈枯草處以噴燈點火燒烤塑膠水管，以致點燃枯草，而該點燃之枯草並隨風飄落至施工處上方約十公尺處之芒草中，而引燃芒草，該處芒草茂盛，火勢延燒甚速，因而無力滅阻。嗣大火因風趁勢，繼續往西方及南方方向即大甲溪事業區第 22 林班地、第 24 林班地國有森林延燒，面積達 80 公頃，經臺灣高等法院臺中分院依違反森林法第 53 條第 4 項以 90 年度上易字第 1764 號刑事判決有期徒刑 2 月。

十六、【租地造林人未經許可雇用他人採伐林木改植案】

陳○○、張○於民國（下同）69 年間分別向林務局台東林區管理處承租成功事業區第 31 林班造林地，面積各為 13.09 公頃、0.75 公頃。竟未經許可於承租地擅伐林木及以機械大面積整地改植其他林木，經台東林區管理處成功工作站於 91 年 3 月 1 日查獲，報由臺東林管處以渠等有違森林法第 45 條第一項規定，依同法第 56 條，各處罰鍰新台幣 12 萬元。陳、張二君以採伐林木係委由業者鄧○○執行，渠等不能處罰為由提起訴願，遭決定駁回，遂提起行政訴訟。最後經最高行政法院 94 年判字第 1654 號判決認定陳、張二君為「共同實施違反行政法上義務人」，仍應處行政罰。

法條解說

7.8.1 刑罰規定

7.8.1.1 竊取森林主、副產物罪

110 年 5 月 5 日修正後，本法第 50 條第 1 項規定竊取森林主、副產物罪者處六月以上五年以下有期徒刑，併科新臺幣 30 萬元以上 600 萬元以下罰金。第 2 項規定，收受、搬運、寄藏、故買或媒介前項贓物者，處六月以上五年以下有期徒刑，併科新臺幣 30 萬元以上 300 萬元以下罰金；如森林產物為中央主管機關公告之具高經濟性或生態價值樹種之貴重木者，加重其刑至二分之一。未遂犯罰之。

竊取森林主、副產物罪之構成要件有三：

一、須行為人意圖為自己或第三人不法之所有。

二、須有竊取之行為。

竊取指行為人以穩密和平之方法，乘他人不知不覺而取得他人之物，以移入自己的

實力支配或管領之下。實務上以行為人是否將林產物伐倒而置於自己實力支配或管領之下,以區分既遂或未遂。﹝最高法院49年臺上字第939號判例參照﹞

三、竊取之客體為森林主、副產物。

所謂森林主產物,依國有林林產物處分規則第3條第1款之規定,係指生立、枯損、倒伏之竹木及餘留之根株、殘材而言。森林主產物,並不以附著於其生長之土地,仍為森林構成部分者為限,尚包括已與其所生長之土地分離,而留在林地之倒伏竹、木、餘留殘材等。至其與所生長土地分離之原因,究係出於自然力或人為所造成,均非所問。他人盜伐後未運走之木材,仍屬於林地內之森林主產物。森林法第50條第1項所定竊取森林主、副產物之竊取云者,即竊而取之之謂,並不以自己盜伐者為限,縱令係「他人盜伐而仍在森林內,既未遭搬離現場,自仍在管理機關之管領力支配下」,如予竊取,仍為竊取森林主產物,應依森林法之規定論處。﹝最高法院93年臺上字第860號判例﹞副產物指樹皮、樹脂、種實、落枝、樹葉、灌藤、竹筍、草類、菌類及其其他主產物以外之林產物。

7.8.1.2 收受、搬運、寄藏、故買或媒介贓物罪

本項之罪,其構成要件有三:

一、須有收受、搬運、寄藏、故買或媒

介贓物之行為

收受係無償而取得贓物而言。搬運是為他人移轉贓物之行為,此與接贓不同,接贓是本犯之共同正犯。搬運贓物則係本犯完成竊取之犯罪行為後,其物已成為贓物,而故意為其搬移運送而言。寄藏是受寄他人贓物而為之穩藏。故買指明知為贓物而故為買受。媒介是居間介紹之意。

二、須有贓物之認識。

贓物以犯財產罪而不法取得之財務,被害人在法律上有回復請求權者為限。

三、須該贓物為森林主、副產物。

7.8.1.3 加重竊取森林主、副產物罪

本法第52條規定,為竊取森林主、副產物罪之加重條件,並非獨立之罪名﹝最高法院82年臺上字第1633號判決參照﹞各款加重條件擇要解說如下:

一、依機關之委託或其他契約,有保護森林義務之人犯之。如國有森林用地出租造林之承租人即是。

二、於行使林產物採取權時犯之。如國有林木公開標售得標採取之承採人。

三、結夥二人以上或僱使他人犯之。結夥係指有共同犯罪之故意而結為一夥,即有犯意之聯絡而結合夥同二人以上有責任能力且具責任條件而共同參與實施者而言﹝最高法院44年臺上字第43號判例參照﹞,此為刑法第321

條第 1 項第 4 款所定「結夥三人以上」始屬加重竊盜罪之特別規定。僱使他人犯之指行為人不自己實施竊取之行為，而僱用或使用第三人 (即他人) 為之而言。

四、為搬運贓物，使用牲口、船舶、車輛，或有搬運造材之設備。其立法目的在於防止使用動力設備等，較具規模之竊取行為。鑑此，該規定所稱「牲口、車輛、船舶」，應限縮解釋為：以「有搬運造材之設備」者為限。一般機車如未另拖附其他搬運造材之設備，所載運物品有限，難以達到大規模竊取之目的，則不屬於本條規定所指之車輛 (最高法院 100 臺上字第 1368 號判決參照)。

110 年 5 月 5 日修正本條增列第九款：「以砍伐、鋸切、挖掘，或其他方式，破壞生立木之生長」其理由為：此等竊取方式造成樹木之死亡，影響森林資源與環境生態，嚴重侵害環境法益，對於國土資源傷害情節重大。

犯第 52 條之罪處一年以上七年以下有期徒刑，本條在 110 年 5 月 5 日修正前，序文規定：併科贓額五倍以上十倍以下罰金。此處之「併科罰金」係「應併科而非得併科」。

所竊取森林主、副產物之贓額若干，乃確定刑罰權範圍之事實，應經嚴格證明，依法詳加調查審認，否則即不足為適用法律及判斷其適用當否之準據 (最高法院 97 年臺上字第 1160 號判決參照)。贓額之計算，以原木山價為準，如係已就贓物加工或搬運者，自須將該項加工與搬運之費用，扣除計算方法 (最高法院 47 年臺上字第 1095 號號判例、最高法院 99 年臺上字第 3948 號判決參照)。質言之，法院仍以較客觀且有利於行為人之「山價」為標準，即以林木之市價，減除伐木、集材、運材等直接生產費後之價格。(最高法院 106 年臺上字第 773 號判決參照) 非如同不法所得之沒收採總額原則，無須扣除犯罪之成本 (最高法院 109 年台上字第 5097 號判決參照)。

究實以論，贓額之計算方式，以山價為準，並非以交易價格之市價計算，造成所獲不法利益遠大於風險成本，從而助長犯罪。因此，110 年 5 月 5 日將贓額倍數計算罰金之方式，修正為明定罰金之最低額及最高額，為 100 萬元以上 2000 萬元以下。

本條更規定對於竊取貴重木者，予以加重其刑至二分之一。惟貴重木之樹種，因涉及犯罪行為之構成要件內容，為避免空白授權並符合司法院釋字第 680 號解釋之授權明確性原則意旨，爰予第 4 項授權中央主管機關公告具高經濟或生態價值之樹種。行政院農業委員會於 104 年 7 月 10 日公告紅檜、臺灣扁柏、臺灣肖楠、臺灣杉、香杉 (巒大杉)、南洋紅豆杉 (臺灣紅豆杉)、櫸 (臺灣櫸)、烏心石、牛樟、臺灣檫樹、黃連木、毛柿等 12 種，為貴重木。

犯本條之罪者，其供犯罪所用、犯罪預備

之物或犯罪所生之物，不問屬於犯罪行為人與否，沒收之。為刑法第 38 條第 2 項之特別規定。(本條第 5 項)

又本條參考證人保護法之規定，增列第 7 項規定：於偵查中供述與該案案情有重要關係之待證事項或其他正犯或共犯之犯罪事證，因而使檢察官得以追訴該案之其他正犯或共犯者，以經檢察官事先同意者為限，就其因供述所涉之犯罪，減輕或免除其刑。其立法目的在於藉減輕或免除其刑之誘因，俾犯罪嫌疑人於偵查中供述更多事證，以利森林保護。

7.8.1.4 第 50 條、第 52 條所保護的法益

法益就是刑法所保護的理念或抽象的價值，指生活利益及權益而具有重要價值，必須受到刑法特別的保護而言 (蘇俊雄 1995)。依據森林法第 50 條及第 52 條規定，構成要件之一為「竊取」，並以森林主副產物是否移至行為人實力支配之下作為是否既遂的判定標準，且為刑法第 320 條第 1 項之特別規定，向來，經評價為侵害財產法益之罪，然而，森林法第 1 條明定「為保育森林資源，發揮森林公益及經濟效用，並為保護具有保存價值之樹木及其生長環境，制定本法」，此為環境法益之基本內涵，本法第 50 條之規定，固然是特別刑法，實際上兼具森林法特有的規範目的。竊取森林主、副產物，除了侵害了林木之所有權之外，實質上更應解為：竊取行為所造成森林生態系統遭受侵害的危險，故應以「環境法益保護」為主，法益之重

點在於森林資源發揮保育及經濟利用效益之價值。近年，法院判決已漸有此傾向，主要論述為：森林具有涵養土地、水土保持、物種保持、氣候調節等重大功能，是國家保護環境法益之體現，山林之保護更是為了替在臺灣生活之人民世世代代求一個永續發展，是以任何惡意破壞山林之行徑，不啻是在掠奪森林資源，亦在殘害國人生存環境之健全，不宜輕縱 (臺灣高等法院 105 年上訴字第 1172 號判決參照)。此外，法院亦肯認森林法第 52 條於 104 年 6 月修正時之修正說明：復衡諸森林為臺灣之命脈，占國土面積達 59 %，具有國土保安、水土保持、涵養水源、調節氣候、生物多樣性保育、林產經濟等多種公益及經濟效用，且近年來極端氣候影響，天災頻仍，使保育森林資源與自然生態之「環境法益」觀念，成為國人普遍之共識。(臺灣高等法院臺南分院 105 年抗字第 109 號裁定參照)

7.8.1.5 竊佔林地罪

本法第 51 條規定：於他人森林或林地內，擅自墾殖或占用者，處六月以上五年以下有期徒刑，得併科新臺幣 60 萬元以下罰金。前項情形致釀成災害者，加重其刑至二分之一；因而致人於死者，處五年以上十二年以下有期徒刑，得併科新新臺幣 100 萬元以下罰金，致重傷者，處三年以上十年以下有期徒刑，得併科新臺幣 80 萬元以下罰金。第一項之罪於保安林犯之者，得加重其刑至二分之一。因過失犯第

一項之罪致釀成災害者，處一年以下有期徒刑，得併科新臺幣 60 萬元以下罰金。第一項未遂犯罰之。犯本條之罪者，其供犯罪所用、犯罪預備之物或犯罪所生之物，不問屬於犯罪行為人與否，沒收之。

茲解說重要事項如下：

一、本條之罪質

本項所規範者為「竊佔林地」罪，在他人森林或林地內擅自墾殖或占用，當然含有竊佔罪質。竊佔行為、係指以己力在他人不知間支配占用他人不動產，置於自己支配之下。與一般動產竊盜罪性質，並無二致。竊佔行為應與竊取概念相類似，兩者均是指未經本人同意而排除他人對動產或不動產的支配，並移入自己的實力支配範圍內。如果行為人只是為了要種植農作物而進入森林地內砍伐樹木，但是尚未開始整地，此際，尚不能論為竊佔，因為土地所有人對於土地的使用收益並未造成實質的影響。砍伐樹木則涉竊取森林主產物罪。如果已經整地，則行為人已支配林地，竊佔行為已完成。

二、本條之構成要件如下

其一，須於他人森林或林地內。

其二，須有擅自墾殖或占用之行為。擅自係指未得森林所有人或其他適法之管領權人之同意而言。前已敘及，「占用」應與刑法第 320 條第 2 項所稱之「竊佔」，為同一解釋，亦即在他人不知之間，占有他人不動產。占用之後，設置工作物或建造房屋均有可能。工作物，一般係指於地上、地下施工使成為具有特定用途之設備而言，如將森林之土壤整平，開闢道路，無論有無鋪置柏油、水泥、石子或其他設備，俱屬之 [最高法院 78 年臺上字第 3897 號、79 年臺上字第 1599 號及 80 年台上字 第 5149 號判決參照]。

三、本條竊佔罪為既成犯

一經竊佔，罪即成立，爾後之繼續占有，乃「犯罪狀態」之繼續，而非「犯罪行為」之繼續。質言之，竊佔或占用行為終了，即完成時，犯罪即屬成立，追訴權時效從此起算，嗣繼續使用他人林地之行為，如種植果樹之施肥、嫁接，建築房屋或設置工作物及嗣後之維護、使用，係屬「占有事實狀態之繼續」，而非「犯罪行為之繼續」。此與山坡地保育利用條例及水土保持法之規定不同。[請見第 10 章之說明]

本條為刑法第 320 條第 2 項之特別規定，然而，水土保持法第 32 條為本條的特別規定。詳見本書第 10 章關於水土保持法之說明，請讀者特別注意。

特別一提的是，案例事實十四，原住民於國有林事業區內原經地方政府規劃為公墓內埋葬先人，是否觸犯竊佔林地罪？乃是一爭議性問題。臺灣臺北地方法院 100 年審訴字第 1139 號判決認為：系爭墓地雖位於國有林地，但政府已通盤檢討變更編定為公墓用地，惟因作業疏失，

迄今仍未完成相關作業程序，原住民潘君於系爭墓地內埋葬，並非於其他國有林地內濫葬，故未影響現有之森林保育資源，對於森林並無實質侵害，且系爭墓地位於原住民傳統領域範圍，屬原住民傳統祭典、祖靈聖地等土地，被告遵循傳統慣習埋葬母親於系爭墓地，權衡國土森林保育以及原住民傳統文化之結果，認潘君之行為欠缺社會非難性，應得阻卻違法，不成立犯罪。

7.8.1.6 燒燬森林罪

本法第 53 條係規範燒燬森林罪，為刑法第 175 條的特別規定。

第 1 項放火燒燬他人森林罪。有三個構成要件，一、需有放火之行為，指行為人故意藉火的燃燒力，焚燬物品而言，此與「失火」係出於過失不同；二、須生燒燬之結果，實務上採燃燒力足以變更物體或喪失效用為準。三、燃燒之客體為他人之森林。

第 2 項放火燒燬自己之森林罪或因而燒燬他人之森林罪，有二個態樣，其一為放火燒燬自己之森林罪，但森林如與他人共有，為保護他人權利，應依第 1 項處斷。其二為放火燒燬自己之森林因而燒燬他人之森林罪，指原意在燒燬自己的森林，火勢蔓延而一併燒燬他人所有之森林且為可預見者而言。

第 3 項失火燒燬他人森林罪。失火是出於行為人之過失，而非故意。過失分為「無認識過失」及「有認識過失」二種，前者指對於結果並無預見，由於懈怠注意，即「應注意能注意而不注意」，故又稱「懈怠過失」；後者指對於結果本有預見，但自信不會發生，而疏於防範，導致結果發生，又稱「疏虞過失」。

第 4 項為失火燒燬自己之森林，因而燒燬他人之森林罪。指行為人過失而燒燬自己的森林，卻因火勢蔓延導致他人森林一併燒燬而言。

7.8.2 行政罰規定

本法所定行政許可的規定，應界定為行政法上的作為義務；禁止規定則為行政法上的不作為義務。如有違反，為行政不法，應處以行政罰。立法的目的在於

達成主管機關的行政目的，並保護人民權益。本法的行政罰規定體例，有二種情形，一種將應遵守的義務及責任要件，規定於各章，（如前文各章所述）處罰的規定則在罰則章訂定，如第 56 條、第 56 條之 1 第 1、2、3 款及第 56 條之 3 第 1 款。另一種將應遵守的義務與責任要件併同處罰規定，合訂於同一條文內，如第 56 條之 2 及第 56 條之 3 第 2、3、4 款。重要的態樣為：在森林遊樂區、自然保護區內，未經主管機關許可，設置廣告、招牌或其他類似物；採集標本、焚毀草木；填塞、改道或擴展水道或水面；經營客、貨運；使用交通工具影響森林環境；採折花木，或於樹木、岩石、標示、解說牌或其他土地定著物加刻文字或圖形；經營流動攤販；隨地吐痰、拋棄瓜果、紙屑或其他廢棄物；污染地面、牆壁、樑柱、水體、空氣或製造噪音等行為。

實務上，最常見之案例為：違反本法第 9 條及第 45 條之規定。茲舉二件案例說明如下：

其一，公路總局區工程處森林內興修工程，未經許可發包廠商施作，應處罰何人？

前文已敘及本法第 9 條規定，為誡命規範，公路總局所屬區工程處申請在國有林興設道路工程，並獲准由主管機關指定施工界限施工，公路局即為本法第 9 條規定之一行政法上應作為之義務人，如果，公路總局第區工程處透過承攬契約將興修道路工程委由承攬人某工程公司施作，承攬人即屬公路總局區工程處

因施工而必須履行前開公法義務之「使用人」，於使用人違反該等義務時，應類推適用行政罰法第 7 條第 2 項規定，承攬人之故意、過失責任推定為定作人（公路總局區工程處）之故意、過失，如果沒有反證足以證明定作人已盡其防止義務，不得推翻，仍以定作人為處罰對象。而不處罰承攬工程之工程公司（最高行政法院 106 年度判字第 438 號判決參照）。

其二、國有林之租地造林人未經許可，委由他人擅自砍伐林木改植其他林木，應處罰何人？

森林法第 56 條固以行政法上義務人為處罰對象，而義務人正好是行為人時，當然以行為人為處罰對象，惟所謂行為人，除單獨直接實施違反行政法上義務之行為者外，尚包括共同實施、教唆或利用他人實施違反行政法上義務之人。如案例事實十二，陳、張二君既為國有林事業區出租造林地之承租人，則渠等將承租地之造林及改植等相關事項委任他人處理，即有為改植之目的而與他人共同實施或利用他人伐採原栽林木之情形，自應受罰。（最高行政法院 94 年度判字第 1654 號參照）

應注意者，行政罰法第 24 條第 1 項規定：「一行為違反數個行政法上義務規定而應處罰鍰者，依法定罰鍰額最高之規定裁處。但裁處之額度，不得低於各該規定之罰鍰最低額。」其立法意旨在於一行為違反數個行政法上義務規定而應處

罰鍰者，因行為單一，且違反數個規定之效果均為罰鍰，處罰種類相同，從其一重處罰已足以達成行政目的，故僅得裁處一個罰鍰，並依法定罰鍰額最高之規定裁處。「一行為不二罰」原則，乃現代民主法治國家之基本原則，避免因法律規定之錯綜複雜，致人民之同一行為，遭受數個不同法律之處罰，而承受過度不利之後果。準此，倘行為人不同，或雖行為人相同但非屬同一行為，而係數行為違反同一或不同行政法上義務之規定者，依行政罰法第 25 條則應分別處罰之，不生是否牴觸「一行為不二罰」原則之問題。﹝法務部 100 年 1 月 11 日法律字第 099054953 號函參照﹞實務上，如國有林地承租人在申請採伐林木後，未經許可而擅自開闢作業道 300 公尺又越界採伐未經許可採伐的林木，則是二個行為，分別違反森林法第 9 條第 1 項及 45 條第 1 項規定，依森林法第 56 條規定，應分別處罰，最低為 12 萬元合計 24 萬元。﹝行政院 107 年院臺訴字第 107016248 號訴願決定參照﹞

又，行按行政罰法第 26 條規定：「一行為同時觸犯刑事法律及違反行政法上義務規定者，依刑事法律處罰之。…」本條規定之旨意，係以一行為同時觸犯刑事法律及違反行政法上義務規定時，因刑罰之懲罰作用較強，依刑事法律處罰即足資警惕時，即無一事二罰再處行政罰之必要，其重點在於「一行為」符合犯罪構成要件，使行政罰成為刑罰之補充，即優先適用刑法處罰。﹝法務部 107

年 11 月 13 日法律字第 10703513910 號函參照﹞在國有林地內擅自興修工程，已涉及違反森林法第 51 條之竊佔林地罪，亦違反森林法第 9 條第 1 項之規定，應先依法提出告訴。其行為如經不起訴處分、緩起訴處分確定或為無罪、免訴、不受理、不付審理、不付保護處分、免刑、緩刑之裁判確定者，依行政罰法第 26 條第 2 項規定，以行為人違反森林法第 9 條所定行政法上義務規定，依第 56 條規定裁處之。

至於各種違反森林法規定應處行政罰的行政裁量基準，應依據行政院農業委員會 91 年訂定的「行政院農業委員會林務局各林區管理處辦理違反森林法行政罰鍰案件裁罰基準」辦理，同時，裁處前應依行政程序法第 102 條規定，通知處分的相對人陳述意見，建立執法之公平性，減少爭議，並提昇公信力。

① 請說明森林法的立法宗旨，及規範林業經營上最重要的法條。

② 請論述森林法第 9 條的性質、限制條件及違反此條的法律效果。如果同時違反森林法第 45 條第 1 項，應如何處罰？

③ 請說明國、公有林地得提供特別使用的情形及處理方式。其中第 1 項第 1 款所指「公共設施用地」包括的範圍，請清楚論述。

④ 請從森林法第 15 條第 4 項闡述原住民採取森林產物之本質及說明如何具體實踐？

⑤ 保安林編入及解除的要件為何？

⑥ 森林法規定應限期完成造林及必要之水土保持處理之林業用地，請具體說明。

⑦ 請說明森林法有關生態補償之具體規定。

⑧ 請以實例說明森林法針對「受保護樹木」應予保護的相關規定及立法宗旨。

⑨ 竊取森林主、副產物的相關刑罰規定，其構成要件為何？

⑩ 森林法的刑罰規定，其應保護的法益，有何發展？

📄 延伸閱讀 / 參考書目

🌲 吳庚 (2013) 行政法之理論與實用 (第 12 版)。三民書局，425 頁。

🌲 何愛文 (1994) 特別公課之研究 - 現代給付國家新興的財政工具。臺灣大學法律研究所碩士論文。

🌲 李桃生 (2000) 淺論森林法第八條。臺灣林業 28(3): 13-20。

🌲 李桃生 (2000) 淺說森林法第五十條、第五十二條—竊取森林主、副產物罪。臺灣林業 28(5): 25-38。

🌲 李桃生 (2020) 原住民族利用森林資源權利論—回顧與展望。臺灣林業 46(2) 頁 41-58。

🌲 李桃生 黃鏡諺 (2014) 論森林法第五十一條與水土保持法第三十二條之法規競合問題。臺灣林業 40(4): 71-78。

🌲 柯澤東 (1990) 環境行政管制之法律分析。臺大法學論叢 20(1): 1-22。

🌲 傅朝文 (2014) 森林犯罪問題研析 (未發表)。13-14 頁。

🌲 褚劍鴻 (1995) 刑法分則釋論 (下冊)。臺灣商務印書館，195 頁。

🌲 廖展毅 (2016) 盜伐林木罪之法律問題研究。臺灣大學科際整合法律研究所碩士論文，51-53 頁。

🌲 蔡志偉 許恆達 吳泰雯 (2017) 國內原住民族重要判決與解析 (第三輯)。259-275 頁。

🌲 謝在全 (2000) 民法物權論 (中冊)。新學林出版公司，122-123 頁。

🌲 蘇俊雄 (1995) 刑法總則 (第一冊)。23-35 頁。

8.1　序說

為保育臺灣野生動物資源，政府於 78 年 6 月 23 日制定公布「野生動物保育法」(以下簡稱本法)，為當前野生動物管理及棲地保護之重要法律依據，當時的立法背景，係基於經濟發展、人口增加，野生動物遭捕殺情形嚴重。另一方面，相關的法律，文化資產保存法雖列有珍貴稀有動植物，國家公園法規定設置生態保護區，發展觀光條例規定風景特定區之設置，但對野生動物之定義及如何管理，均乏詳細規定，亟需訂定新法以為因應並藉以取代狩獵法。

本法在 83 年進行大幅修正，其背景是受到國際上重要的一項公約，瀕臨絕種野生動植物國際貿易公約 (Convention on International Trade in Endangered Species of Wild Fauna and Flora， 簡稱 CITES) 的影響。公約 1963 年由國際自然保育聯盟 (International Union for Conservation of Nature and Natural Resource IUCN) 的各會員國政府起草簽署，並在 1975 年正式執行。主要目的是透過對野生動植物出口與進口限制，確保野生動物與植物的國際交易行為不會危害到物種本身的延續。公約在美國的華盛頓簽署，乃簡稱「華盛頓公約」。

華盛頓公約的主旨，在管理瀕臨絕種野生動植物的國際貿易，藉由建立各締約國核發附錄物種的輸出入許可證制度，進行野生動植物的國際貿易之管理，以保護瀕臨絕種野生動植物。公約將物種分為三個等級，以附錄的方式呈現，管理原則如下：

附錄一物種為：有滅種威脅須嚴格管制。此類物種若再進行國際貿易，將會導致滅絕的動植物物種，明白規定禁止其商業性的國際交易 (但仍可以為科學目的的輸出入交易)。

附錄二物種為：族群數量稀少須有效管制，目前雖無滅絕危機，但若無適當的國際貿易管理，可能會威脅其生存的物種。另外，外觀形態與附錄二物種相似的物種，為了因應執法上的需要，也可能被列入附錄二。在許可證制度的管理與監督之下，公約允許附錄二物種的商業交易。

附錄三物種為：特定國家指定有效管制，個別締約國希望管理其未列入其他附錄的特別物種，惟仍須靠其他國家的協助才能有效進行。

從國際視野來看，野生動物保育法部分條文，是華盛頓公約的立法繼受，〔郭乃菱 2003〕在實務上，經濟部國際貿易局扮演著相等於我國華盛頓公約管理機構的角色；行政院農業委員會林務局則相當於華盛頓公約科學機構。

必須一提的是，美國於 1994 年 8 月 19 日引用「培利修正案」(Pelly Amendment)，以我國持續對華盛頓公約所列瀕臨絕種野生動物物種含老虎與犀牛角存在交易行為，施以貿易制裁。美國此舉主要是基於下列原因：1980 年代後期大象與犀牛保育工作的嚴峻，臺灣恰是幾個關鍵的貿易區域或流通路線之一；我國對國際社會，特別是華盛頓公約組織的回應微弱且未切入重點；美國當年恰為華盛頓公約組織締約國大會的主辦國，受到國內外動用培利修正案的壓力；我國並非聯合國會員國，無法在國際場合爭取自我權益〔李沛英 2009〕。在此情形下，我國遂火速進行本法之大幅修正，於民國 83 年 10 月 29 日公布。

嗣因應實際需要及野生動物保育思潮之發展及維繫原住民的傳統狩獵文化，本法於 91 年、93 年、95 年、96 年、98 年及 102 年進行修正。107 年 4 月 27 日行政院院臺規字第 1070172574 號公告，本法有關海洋野生動物保育之中央主管機關原為「行政院農業委員會」，自 107 年 4 月 28 日起變更為「海洋委員會」。

8.2 總則

案例事實

一、【野生動物產製品的定義】

87 年間，蔡姓商人自中國大陸引進熊膽仁，係以人工引流之方法將熊活體之膽汁引出，乾燥處理後而成，並非完整之顆粒，臺灣高等法院高雄分院以 88 年上訴字第 406 號判決認定，膽汁不能擴充解釋為「野生動物產製品」，判無罪確定，引起保育團體譁然。嗣經地檢署以行政院農業委員會在判決前已有認定「膽汁為野生動物產製品」之解釋函為由，聲請再審；後經臺灣高等法院高雄分院89 年再字第 4 號判決有罪確定。

二、【野生動物保育諮詢委員會對保育類野生動物之評估分類】

行政院農業委員會林務局於 107 年 6 月 25 日晚間，召開野生動物保育諮詢委員會會後記者會，宣布將調整野生動物的保育等級，其中從保育類野生動物調整為一般類的有 8 種，包含山羌、臺灣獼猴、白鼻心、眼鏡蛇、龜殼花、雨傘節、短肢攀蜥及大田鷸。從一般類野生動物調整為保育類動物的則有 17 種，包含臺灣朱雀、白耳畫眉、黑頭文鳥、冠羽畫

眉、黑尾鷸、紅腹濱鷸、草花蛇等。本案已由行政院農業委員會依行政程序法規定完成公告程序，於 108 年 1 月 9 日生效，名稱修正為「陸域保育類野生動物名錄」，海洋委員會亦於同日公告「海洋保育類野生動物名錄」。

法條解說

8.2.1 立法宗旨及名詞定義

本法的立法宗旨為：保育野生動物，維護物種多樣性，與自然生態之平衡。此外，還包括「對國民精神生活的提昇及生物資源的有效利用」(柯澤東 1988)。

本法規範事項，具有科學性且涉及人民之權利義務甚鉅，違反相關規定之刑罰及行政罰之規定堪稱嚴峻，因此，對相關名詞涉及人民行為是否違法的認定，是構成要件之要素，必須嚴予界定，避免爭議。本法第 3 條所定名詞定義如下：

野生動物係指一般狀況下，應生存於棲息環境下之哺乳類、鳥類、爬蟲類、兩棲類、魚類、昆蟲及其他種類之動物。

族群量係指在特定時間及空間，同種野生動物存在之數量。

瀕臨絕種野生動物係指族群量降至危險標準，其生存已面臨危機之野生動物；珍貴稀有野生動物係指各地特有或族群量稀少之野生動物；其他應予保育之野生動物：係指族群量雖未達稀有程度，但其生存已面臨危機之野生動物。

野生動物產製品係指野生動物之屍體、骨、角、牙、皮、毛、卵或器官之全部、部分或其加工品。此一定義在法律適用上，如有爭議時，必須透過解釋為之，尤重體系及目的性解釋。如案例一原來之無罪判決確定後，引起保育團體極大之關注，事實上，膽汁是否為野生動物產製品，中央主管機關早已釋示：如熊膽汁引流自熊體內，而膽汁係屬熊膽 (野生動物器官) 之重要成份，即為器官之部分或其加工品，仍屬野生動物產製品。(行政院農業委員會 88 年 6 月 21 日農林字第 88122666 號函)

棲息環境係指維持動植物生存之自然環境。

保育係指基於物種多樣性與自然生態平衡之原則，對於野生動物所為保護、復育、管理之行為。利用係指經科學實證，無礙自然生態平衡，運用野生動物，以獲取其文化、教育、學術、經濟等效益之行為。

騷擾係指以藥品、器物或其他方法，干擾野生動物之行為。

虐待係指以暴力、不當使用藥品或其他方法，致傷害野生動物或使其無法維持正常生理狀態之行為；獵捕係指以藥品、獵具或其他器具或方法，捕取或捕殺野生動物之行為。

加工係指利用野生動物之屍體、骨、角、牙、皮、毛、卵或器官之全部或部分製

成產品之行為。

展示係指以野生動物或其產製品置於公開場合供人參觀者。如動物園具教育功能之動物展示。實務上，展示應就實體為之，故傳播展示或傳輸展示，如網路相簿、臉書（FB）影像，尚非本法所稱展示，但執法人員常藉此管道，查獲非法之實體展示行為。

必須注意的是，本法第 1 條末段規定本法未規定者，適用其他有關法律之規定。足見本法為相關法律規範野生動物保育事項的特別法。此外，人工飼養、繁殖之野生動物，經中央主管機關指定公告者，亦適用本法規定，應注意及之。（本法第 55 條）

8.2.2 野生動物之分類

野生動物依保育需要，區分為保育類及一般類。保育類指瀕臨絕種、珍貴稀有及其他應予保育之野生動物，由野生動物保育諮詢委員會評估分類，中央主管機關指定公告，並製作名錄。一般類指保育類以外之野生動物。（第 4 條）

保育類野生動物之物種，由中央主管機關指定公告，由於涉及本法罰則章所定刑事罰的構成要件，事關重大。此種立法方式係將構成要件部分內容（即指定為保育類野生動物）委由行政機關以命令為之，且可視野生動物族群之消長而修正，賦予中央主管機關極大的權限。另一方面，許多動物種類並非生活化，屬名稱繁複非常見之各類動物名稱所在多有，因此，如屬非通常習見之保育類動物，除因具新聞價值而經媒體多方報導，或經政府多方宣導，一般民眾得以有所認識者外，均屬陌生，欲令民眾認知各種保育類野生動物，或有其困難。是以，如該保育類野生動物非一般通常之人可得認識者，自須依其他間接證據，例如被告有相關前案紀錄，曾因此遭科處刑罰或行政處罰，或依其個人情事可認有此類相關背景知識，甚至依價格、取得與運送過程與對象及查獲經過等情事，足堪推認被告主觀上對於之野生動物屬保育類動物應有認識，始得論以刑罰。（福建金門地方法院 97 年訴緝字第 2 號判決參照）。

有關主管機關指定公告保育類野生動物，攸關刑罰之構成要件，甚且涉及人民財產權之保障，是否牴觸憲法所定之法律保留原則？經人民聲請釋憲後，大法官作成釋字第 465 號解釋文指出：行政院農業委員會中華民國 78 年 8 月 4 日公告之保育類野生動物名錄，指定象科為瀕臨絕種保育類野生動物並予公告，列其為管制之項目，係依據野生動物保育法第 4 條第 2 項之授權，其授權之內容及範圍，同法第 3 條第 5 款及第 4 條第 1 項已有具體明確之規定，於憲法尚無違背。

案例事實

三、【複合生態系野生動物重要棲息環境之指定公告】

在臺灣本島 1,139 公里的海岸線，有藻礁分布的海岸線累積不到 50 公里，僅存在於新北市三芝鄉、桃園沿海及屏東恆春半島東岸；桃園市海濱藻礁更是全臺最大、生長最完整的藻礁地形，且存在的時間超過四千年。藻礁生態系孕育眾多生物物種，在眾多海洋生態系中，被認定為生物多樣性熱點之一；桃園觀音藻礁具有高度的物種多樣性及豐富度，亦是臺灣西北海域重要生態系統之一。藻礁不同於珊瑚礁，但兩種皆由生物體建造礁體。藻礁是由植物造礁，如紅藻門的藻類、綠藻門的藻類等，每年一層一層慢慢長，累積的速率很慢，約每十年才會增加一公分，其周而復始慢慢的沈積成礁體，可說是地球環境變遷所遺留下來的珍貴紀念物，其發育過程亦是臺灣西部海岸變遷的證據。由於藻礁地形多孔隙的特性，是各種水中生物幼苗及其他生物的最佳棲地。棲息有各式各樣的底棲動物如甲殼類、貝類、多毛類等，而這些生物又能吸引水鳥，包括唐白鷺等，也是外海魚種重要的食物來源。藻礁沿岸自然成為孕育海中生物的育嬰床，延伸的外海即可成為豐富的魚場，漁業資源因此生生不息，成就了全臺輝煌的

漁獲紀錄且唯一客家漁港的新屋鄉永安漁港；因此，也培養出海客文化特色。行政院農業委員會於 103 年 4 月將該地區公告指定為海洋生態系及河口生態系之複合生態系類野生動物重要棲息環境，面積 396 公頃，嗣桃園縣市政府於同年 7 月將其中 315 公頃劃定為野生動物保護區。

四、【食蛇龜野生動物保護區之劃設】

近年來隨著中國大陸經濟的快速發展，對野生動物消費的需求大增，已造成亞洲甚至全世界野生龜類族群的嚴重威脅，同時亦為華盛頓公約 (CITES) 附錄二物種。2019 年國內已依照野生動物保育法將保育類的「珍貴稀有」食蛇龜與柴棺龜公告調整為「瀕臨絕種」野生動物。近年，破獲多起非法獵捕、走私案件，顯示人為獵捕的壓力已使食蛇龜及柴棺龜等族群存續面臨極大考驗。2011 年於新加坡動物園召開的「亞洲陸龜與淡水龜保育研討會 (Conservation of Asian Tortoises and Freshwater Turtles：Setting Priorities for the Next Ten Years)」中，建議針對所有極危及瀕危物種採行更積極的焦點性域內保育行動 (focused in-situ conservation action)，每一物種應在法律的保護下設置至少一處保護區，範圍能涵蓋生活史各階段的棲息環境需求，經營管理權責單位並能

配置適當人力，可杜絕非法獵捕的威脅，以確保野生族群的存續。85 年起，林務局委託研究人員即在翡翠水庫渣子坑一帶，進行食蛇龜族群生態研究，包括族群組成、生殖生態、活動範圍、活動模式、棲地利用、生長模式等，並於 101 年利用長期研究資料進行族群變動與存活率之分析。調查顯示食蛇龜族群個體數雖略有減少，但當地仍維持有穩定族群，是已知分布範圍內現存最穩定的野生族群之一，林務局乃積極劃設「翡翠水庫食蛇龜野生動物重要棲息環境」，於 102 年 12 月 10 日農林務字第 1021701271 號公告「翡翠水庫食蛇龜野生動物保護區」，位於翡翠水庫集水區範圍，屬新北市石碇區，範圍包括渣子坑、九紀山、後坑仔、火燒樟等區域，面積為 1,295.93 公頃。主要保護對象為食蛇龜及森林生態系，為瀕危龜類保留重要的種源，並希望成為國際間保育的典範。

五、【野生動物危害農林作物之實例】

野生動物的危害是野生動物與人類的利益衝突。自古有之，古時尚有朝廷大員查驗鳥類腹中穀物多寡核實地方官員提報豐欠年是否屬實之依據。隨著人口增加及土地利用的擴展、保育獲有成效，野生動物族群增加，衝突日益嚴重及複雜。以山區作物常遭野生動物採食，影響作物收成，最為常見。農民常以為苦，野生動物危害防治已成為野生動物族群管理重要的課題。危害農作物的保育類

野生動物常見的包括水鹿及保育類鳥種烏頭翁、臺灣藍鵲、黃魚鴞（鱒魚）、鳳頭蒼鷹（放山雞）。哺乳動物則以臺灣獼猴之危害較為大，山區栽植的水果類作物從收成前到生產期間皆可能受到臺灣獼猴的危害。在此情形下，農民時請求政府給予如同天然災害受損之救助，亦有農民以多年來多次請求政府應積極排除臺灣獼猴之侵擾，惟政府並未有任何具體防制作為，怠於執行處理臺灣獼猴危害農作物之法定職務，造成農民有土地所有權或果物採收權卻無法收成為由，主張依國家賠償法第 2 條第 2 項「公務員於執行職務行使公權力時，因故意或過失不法侵害人民自由或權利者，國家應負損害賠償責任。公務員怠於執行職務，致人民自由或權利遭受損害者亦同」之規定，請求國家賠償，經法院審理認為不符合國家賠償的要件，予以駁回（臺灣高等法院高雄分院 106 年度上國易字第 2 號民事判決）。

六、【原住民王○○為母親食用需要獵捕保育類野生動物案】

原住民王○○知臺灣野山羊（臺灣長鬃山羊）及山羌，均業經行政院農業委員會公告列為保育類野生動物，應予保育（筆者按，山羌業於 107 年 6 月經野生動物保育諮詢委員會提案通過降為一般類野生動物，並經農委會公告自 108 年 1 月 9 日生效），非因其族群數量逾越環境容許量，或基於學術研究教育目的且經中央主管機關許可者外，不得獵捕，而長鬃

山羊及山羌族群量並未逾越環境容許量，竟為供其家人食用，未經主管機關許可，亦非基於學術研究或教育目的，即基於非法獵捕保育類野生動物之犯意，於 102 年 8 月 24 日晚上 10 時 30 分許，攜帶上開具殺傷力之土造長槍前往臺東縣○○鄉○○村境內之行政院農委會林務局臺東林區管理處經管關山事業區第 3 林班，獵捕長鬃山羊一隻，山羌一隻，王君陳述狩獵為其生活方式，且係因其母思念山珍海味而上山獵捕，應予免責。案經臺灣高等法院判決有罪，王君提起上訴惟逾期未具上訴理由，經最高法院駁回確定，嗣最高法院檢察署提起非常上訴。最高法院認野生動物保育法第 18 條、第 21 條之 1 及第 41 條第 1 項有違憲之虞，於 106 年 9 月 3 日向大法官聲請釋憲，大法官於 110 年 5 月 7 日作成釋字第 803 號解釋。

七、【臺北市立動物園申請自大陸地區輸入保育類野生動物大貓熊二隻案】

臺北市立動物園檢附野生動物活體輸入同意文件申請書及相關資料，經臺北市政府於 94 年 10 月 14 日轉請行政院農業委員會同意自中國大陸輸入保育類野生動物大貓熊 2 隻，供教育展示及繁殖之用。案經農委會組成專案小組審查申請文件，以其「目前展示及加強野生動物保育之教育計畫不夠具體，且飼養設備及醫療照護人才訓練計畫均未完成，現階段無法依野生動物保育法施行細則第 26 條第 2 項規定，發給申請出口許可證文件」等語，否准動物園所請。嗣 97 年

▲ 台灣獼猴／圖片來源：林務局影音資訊平台

7 月間，臺北市立動物園再次提出申請，經農委會審查上開事項，動物園均已完成，符合法規要件，遂許可輸入。

八、【民眾未經許可輸入象牙及河馬產製品案】

甲○○明知未經主管機關行政院農業委員會之同意，不得輸入屬野生動物保育法第 4 條第 1 項第 1 款所規定之保育類野生動物大象及河馬之產製品，竟未經該會之同意，於民國 88 年 5 月 17 日，自香港搭乘班機入境時，私自將瀕臨絕種保育類野生動物大象之象牙雕刻品及河馬牙雕刻品共計 280 件。藏放在其所攜帶之行李箱中予以輸入，嗣於桃園中正國際機場入境旅客通關檢查時，為機場海關稽查人員查獲其未依法申報前開象牙及河馬牙產製品而知上情，並扣得上揭被告所有之雕刻產製品。經臺灣高等法院以違反野生動物保育法 40 條第 1 款之規定處有期徒刑六個月確定。﹝臺灣高等法院 92 年上更一字第 261 號判決﹞

法條解說

8.3.1 野生動物重要棲息環境

本法第 8 條所指野生動物重要棲息環境係指下列情形之一者：保育類野生動物之棲息環境；野生動物種類及數量豐富之棲息環境；人為干擾少，遭受破壞極難復原之野生動物棲息環境；其他有特殊生態代表性之野生動物棲息環境。﹝本法施行細則第 5 條第 1 項﹞

野生動物重要棲息環境的類別及範圍，由中央主管機關公告，﹝本法第 8 條第 4 項﹞類別分為海洋生態系、河口生態系、沼澤生態系、湖泊生態系、溪流生態系、森林生態系、農田生態系、島嶼生態系、複合型生態系及其他生態系。﹝本法施行細則第 5 條第 2 項﹞

從保育策略來看，野生動物重要棲息環境，係以環境內應保育的野生動物物種為「王」，限制人為對棲地的利用；如對野生動物構成重大影響，應進行改善，要求開發利用者必須採取最小限度之使用，並由保育主管機關實施行政管制，以保育區內之野生動物。此亦為自然資源行政法法律原則之一，「謹慎預防原則」的體現。

在野生動物重要棲息環境經營各種建設或土地利用，應擇其影響野生動物棲息最少之方式及地域為之，不得破壞其原有生態功能。必要時，主管機關應通知所有人、使用人或占有人實施環境影響評估。如未依規定實施環境影響評估而擅自經營利用者，主管機關應即通知或會同目的事業主管機關責令其停工。其已致野生動物生育環境遭受破壞者，並應限期令當事人補提補救方案，監督其實施。逾期未補提補救方案或遇情況緊急時，主管機關得以當事人之費用為必要之處理。﹝本法第 8 條第 1 項、第 9 條﹞

在野生動物重要棲息環境實施農、林、漁、牧之開發利用、探採礦、採取土石

或設置有關附屬設施、修建鐵路、公路或其他道路、開發建築、設置公園、墳墓、遊憩用地、運動用地或森林遊樂區、處理廢棄物或其他開發利用等行為，應先向地方主管機關申請，經層報中央主管機關許可後，始得向目的事業主管機關申請為之。〔本法第 8 條第 2 項〕

既有之建設、土地利用或開發行為，如對野生動物構成重大影響，中央主管機關得要求當事人或目的事業主管機關限期提出改善辦法。〔本法第 8 條第 3 項〕

8.3.2 野生動物保護區

野生動物保護區之劃設，是更積極的保育作為，須投入相當人力與物力，地方主管機關更應訂定保育計畫，明文禁止或限制人民之行為，以為管制。如果違法獵捕、宰殺保育類野生動物發生在野生動物保護區內，更加重其刑至三分之一〔本法第 41 條第 2 項〕。

地方主管機關得就野生動物重要棲息環境有特別保護必要者，劃定為野生動物保護區，必要時，應先於當地舉辦公聽會，充分聽取當地居民意見後，層報中央主管機關，經野生動物保育諮詢委員會認可後，公告實施，變更或廢止時亦同。中央主管機關認為緊急或必要時，得經野生動物保育諮詢委員會之認可，逕行劃定或變更野生動物保護區。〔本法第 10 條第 1 項、第 2 項、第 3 項〕

地方主管機關應擬定野生動物保護區保育計畫，就下列事項予以公告管制：騷擾、虐待、獵捕或宰殺一般類野生動物等行為；採集、砍伐植物等行為；污染、破壞環境等行為；其他禁止或許可行為等事項。必要時，並得委託其他機關或團體執行。〔本法第 10 條第 4 項、第 1 項〕此際，因涉及公權力之行使，宜由地方主管機關與其他機關或團體訂定行政契約為之。

經劃定為野生動物保護區之土地，必要時，得依法徵收或撥用，交由主管機關管理。即使未經徵收或撥用之野生動物保護區土地，其所有人、使用人或占有人，也應以主管機關公告之方法提供野生動物棲息環境；在公告之前，其使用、收益方法有害野生動物保育者，主管機關得命其變更或停止。但遇有國家重大建設，在不影響野生動物生存原則下，經野生動物保育諮詢委員會認可及中央主管機關之許可者，可以進行，但對於土地之所有人或使用人所受之損失，主管機關應給予補償。〔本法第 11 條〕這也是「生態補償原則」之實踐，從憲法保障人民財產權的規定觀之，個人行使財產權仍應依法受社會責任及環境生態責任之限制，其因此類責任使財產之利用有所限制，如人民土地經國家徵收作為野生動物保護區，形成個人利益之特別犧牲，社會公眾並因而受益者，自應享有相當補償之權利。〔大法官會議釋字第 400 號解釋參照〕

8.3.3 野生動物保育事項之除外規定

本法第 16 條規定，保育類野生動物，除

本法或其他法令另有規定外，不得騷擾、虐待、獵捕、宰殺、買賣、陳列、展示、持有、輸入、輸出或飼養、繁殖。保育類野生動物產製品，除本法或其他法令另有規定外，不得買賣、陳列、展示、持有、輸入、輸出或加工。

本條的立法類型，是「除外型」，日本學者稱為「除書」，以與「但書」相對稱，我學者稱為「除外規定」。本條規範野生動物及其產製品之利用、輸入、輸出等事項，必須符合本法各條規定之要件，否則不得為之。下文將分別敘之。

8.3.3.1 保育類野生動物之利用

保育類野生動物應予保育，不得騷擾、虐待、獵捕、宰殺或為其他利用。但如族群量逾越環境容許量，先經地方主管機關許可，並將許可利用之種類、地點、範圍及利用數量、期間與方式，由中央主管機關公告以為管制。（第 18 條第 1 項第 1 款及第 2 項）所稱族群量逾越環境容許量，純屬科學問題，必須經過長期而具科學基礎之調查，始可作成決定，實務上尚乏案例。基於學術研究或教育目的，經中央主管機關許可者，可有限度之利用。（本法第 18 條第 1 項第 2 款，例如醫學上之學術試驗、捕捉標放、無線電追蹤及學術樣本採集等。）

8.3.3.2 野生動物侵害農林作物之處理

野生動物如有危及公共安全或人類性命之虞；危害農林作物、家禽、家畜或水產養殖；傳播疾病或病蟲害；妨礙航空

安全之虞；或其他經主管機關核准等情形之一者，得予以獵捕或宰殺，不受第 17 條第 1 項、第 18 條第 1 項及第 19 條第 1 項各款規定之限制。但保育類野生動物除情況緊急外，應先報請主管機關處理。保育類野生動物有危害農林作物、家禽、家畜或水產養殖，在緊急情況下，未及報請主管機關處理者，得以主管機關核定之人道方式予以獵捕或宰殺以防治危害。（第 21 條）

所稱「緊急情況」，指保育類野生動物危害農民合法種植之農林作物、家禽、家畜或水產養殖，存有現在性危難之情狀，如不予立即獵捕或宰殺，農民將遭受不可回復財產損失之情形，須予獵捕或宰殺最少數量，以維護其財產法益者；所稱「人道方式」係指最短時間內，給予動物最小痛苦，使動物死亡之方式。（行政院農業委員會 103 年 12 月 5 日農林務字第 1031701205 號令）

8.3.3.3 原住民狩獵文化之特別規定

一、基本概念

原住民之狩獵權為先於國家存在的固有基本權利，參酌聯合國「公民與政治權利國際公約」第 27 條「凡有種族、宗教或語言少數團體之國家，屬於此類少數團體之人，與團體中其他分子共同享受其固有文化、信奉躬行其固有宗教或使用其固有語言之權利，不得剝奪之」之規定，「經濟社會文化權利國際公約」第 15 條 1 項第 1 款「本公約締約國確認

人人有權參加文化生活。」之規定，以及我國憲法增修條文第10條第11項「國家肯定多元文化，並積極維護發展原住民族語言及文化」之規定，可以肯認：原住民之狩獵行為為其文化權之一部分，此乃衍生自原住民自治權、土地權及生存權之基本權，為原住民與生俱來而非國家賦予之固有權利。國家為落實憲法保障原住民族此項基本權利，促進原住民族生存發展，建立共存共榮之族群關係，制定原住民族基本法，其中第10條規定，政府應保存與維護原住民族文化，同法第30條第1項又規定，制定法律，應尊重原住民族之傳統習俗、文化及價值觀，保障其合法權益等旨，是以政府依相關法律，踐行保障原住民族之基本權利，促進其生存發展時，自應尊重其傳統習俗、文化及價值觀。

二、原住民狩獵的本質

「經濟社會文化權利國際公約」第15條第1項第1款規定，對原住民的意義在於：原住民有權自由地選擇認同自己的族群，並且接近、使用、追尋既有的生活方式，原住民的生活方式與土地及大自然密不可分，倘若原住民喪失其既有的生活方式與自然資源，那麼原住民最終也會喪失其文化特殊，因此，狩獵權利不只是原住民文化權之一環，也是一種集體權。對原住民來說，參與文化的權利，就是保障原住民有權以傳統的狩獵、漁獵及採集的方式過生活。〔鄭川如 2016〕進一步深論，狩獵是原住民的根，也是原住

民利用土地及自然資源的一種方式。〔王皇玉 2018〕

從傳統文化論之，狩獵乃原住民族中存續長久且延續至今之一切生活內容。原住民依靠山海之有限資源生活，而發展出不同之傳統文化，如狩獵、漁獵、採果等，皆是順應時序，而與自然界之有限資源取得一定之平衡。為表彰原住民族世代相傳之普世價值，讓新一代的原住民族體認舊有文化，應將其延續下去。

大法官釋字803號解釋，由憲法第22條、憲法增修條文第10條第11項及第12項規定，導出原住民應享有選擇依其傳統文化而生活之憲法上權利，其中包含原住民依循其文化傳承而從事狩獵活動之權利；同時亦明確指出憲法增修條文第10條2項規定下，包括野生動物之保護在內之環境生態保護，乃憲法所肯認之重大價值，國家對此負有積極保護之義務。由此確立本號解釋之基本原則：國家基於尊重與維護原住民依循其文化傳承而從事狩獵活動之文化權利，而推動相關立法與政策時，均應力求與環境生態保護，包括野生動物保護間之平衡。（大法官蔡宗珍部分不同意見書序文第一段參照）

三、本法第21條之1的立法宗旨

本法第21條之1規定：臺灣原住民族基於其傳統文化、祭儀，而有獵捕、宰殺或利用野生動物之必要者，不受第17條第1項、第18條第1項及第19條第1

項各款規定之限制。並授權由中央主管機關會同原住民族主管機關訂定管理辦法，以為執行依據。

本條之性質為應屬原住民族基於傳統文化、祭儀而為獵捕野生動物之行為之除罪化規定。係立法者就生物多樣性及原住民傳統文化之保障間，衡平後作出相對之界線與範圍，而以保障原住民傳統文化為主軸。

大法官釋字第803號解釋理由書指出：「傳統文化」之意涵應本於原住民從事狩獵活動的文化權利之憲法保障意旨而為理解。無疑應涵蓋一切存於原住民族社會，並世代相傳而延續至今的價值、規範、宗教、倫理、制度、風俗、信仰、習慣的生活內容，不僅包括精神性思想、價值、信仰、禮俗規範等，亦包括傳承已久之食物取得方式、日常飲食習慣與物質生活方式等。所以，傳統文化應包含原住民依其所屬部落族群所傳承之飲食與生活文化，而以自行獵獲之野生動物供自己、家人或部落親友食用或作為工具器物之非營利性自用之情形，始符憲法保障原住民從事狩獵活動之文化權利之意旨。

應特別注意者，解釋文明示：立法者對原住民基於傳統文化下非營利性自用而獵捕、宰殺或利用野生生動物之行為予以規範，或授權主管機關訂定管制規範時，除有特殊例外，其得獵捕、宰殺或利用之野生動物，應不包括保育類野生動物，（解釋理由書指出：僅於特殊例外，例如族群量逾越環境容許量之情形）以求憲法上相關價值間之衡平。

四、第21條之1、第41條及第51條合併觀察

本法第41條，係規範違反本法對保育類野生動物利用上的特別規定的刑事罰（詳如罰則之說明）。法條規定：「有下列情形之一，處六月以上五年以下有期徒刑，得併科新臺幣二十萬元以上一百萬元以下罰金：一、未具第18條第1項第1款之條件，獵捕、宰殺保育類野生動物者。二、違反第18條第1項第2款規定，未經中央主管機關許可，獵捕、宰殺保育類野生動物者。三、違反第19條第1項規定，使用禁止之方式，獵捕、宰殺保育類野生動物者。於劃定之野生動物保護區內，犯前項之罪者，加重其刑至三分之一。第一項之未遂犯罰之」。

本法第51條之1則係對於原住民基於傳統文化、祭儀需要，但未經主管機關之許可獵捕一般類野生動物之行政罰。法條規定「原住民族違反第21條之1第2項規定，未經主管機關許可，獵捕、宰殺或利用一般類野生動物，供傳統文化、祭儀之用或非為買賣者，處新臺幣一千元以上一萬元以下罰鍰，但首次違反者，不罰。」

近年來,最常見的案例是原住民如果基於傳統文化或者祭儀需要,獵捕保育類野生動物,究竟是否應啟動刑罰或者只是違反行政管制而應處以行政罰?還是具有刑事的可罰性?此一爭議問題出在:第51條之1只針對沒有遵守規定獵捕一般類野生動物者,處行政罰。對於獵捕保育類野生動物者,卻無處罰行政罰的規定,究竟是立法疏漏?還是立法者有意將未經許可獵捕保育類野生動物者,縱然係基於傳統文化、祭儀之需要而為,在刑法上,仍然與非原住民做相同的評價,處予刑罰?各級法院判決兩岐,論述紛紜,而學者間為文批評者亦多,引起廣泛討論。

經過多年的判決發展,最高法院106年刑事庭會議之提案院長提議:原住民未經向主管機關申請,於豐年祭期間,基於其傳統文化、祭儀,持自製之獵槍,上山獵捕保育類野生動物臺灣水鹿及山羌〔筆者按,如前所述山羌業於107年6月經野生動物保育諮詢委員會提案通過調整為一般類野生動物,並經農委會公告自108年1月9日生效〕三隻,是否違反野生動物保育法第41條第1項第1款之規定?甲說為肯定說,認為應依野生動物保育法第41條第1項第1款之規定處罰;乙說為否定說,認為不違反野生動物保育法第41條第1項第1款之刑罰規定。決議為採乙說,具體論述為:94年2月5日公布施行之原住民族基本法,為落實保障原住民族基本權,促進原住民族生存發展,建立共存共榮之族群關係而訂,其中第19條第1項第1款、第2項明定原住民

基於傳統文化、祭儀得在原住民族地區依法從事獵捕「野生動物」之非營利行為,並未將保育類野生動物排除在外。又野生動物保育法第21條之1第1項於93年2月4日自第21條第5款移列而單獨立法,亦明定臺灣原住民族基於其傳統文化、祭儀,而有獵捕「野生動物」之必要者,不受同法第17條第1項、第18條第2項及第19條第1項各款規定之限制,用以特別保護原住民族之傳統獵捕文化。是以原住民族於其傳統文化、祭儀期間,若供各該傳統文化、祭儀之用,且符合依野生動物保育法第21條之1第2項授權規定而訂定之「原住民族基於傳統文化及祭儀需要獵捕宰殺利用野生動物管理辦法」第6條及其附表之各項規定,僅事先未經向主管機關申請核准,持自製獵槍獵捕屬上開辦法第6條第2項附表所列准許獵捕之保育類野生動物「山羌」、「臺灣水鹿」,不能因野生動物保育法第51條之1僅規定對未經許可獵捕、宰殺或利用「一般類野生動物」科以行政罰,即認同法第21條之1第1項所謂野生動物僅指一般類野生動物而不包括保育野生動物。並無同法第41條第1項第1款處罰規定之適用。換言之,不能處以刑罰。最高法院在聲請釋憲案中主張第41條第1項規定牴觸憲法,釋字第803號解釋理由書末段亦指明:要屬個案解釋與法律適用問題,應不受理。

正本清源,此一爭議仍以修法為正辦。105年初,林務局即著手修正本法第51條之1,增列原住民基於傳統文化,祭儀需要未經主管機關許可獵捕保育類野生動物

者，予以處行政罰之規定，層報行政院。

釋字 803 號解釋之爭點之一：野生動物保育法第 21 條之 1 第 2 項前段規定，獵捕、宰殺或利用野生動物之行為，須事先經主管機關核准，以及原住民族基於傳統文化及祭儀需要獵捕宰殺利用野生動物管理辦法第 4 條第 3 項及第 4 項第 4 款規定有關申請期限及程序、申請書應記載事項中動物種類及數量部分，是否違反憲法比例原則？

大法官釋示：第 21 條之 1 所採之依事前申請而審查、核准之許可管制手段，尚不違法憲法比例原則。

茲依據解釋理由書摘述理由如下：

❶ 藉由事前申請核准之程序，由公權力機關對原住民擬進行之獵殺野生動物之活動為適當之審查，並就核准事項為必要之限制，以避免原住民狩獵活動過度侵犯野生動物之存續與干擾生態環境之平衡。此外，可事前指定狩獵時間、範圍及區域等，並事前依所核准狩獵活動之方式與規模，適時要求或採取適當之安全防護措施，以避免危及第三人之人身安全。核其立法目的，係在追求憲法上必要之公共利益，其所採取之事前申請核准之管制手段，亦適於其目的之達成。

❷ 除所採之事前申請核准之管制手段外，並無其他相同有效達成避免原住民狩獵活動過度侵犯野生動物之存續與干擾生態環境之平衡，以及第三人人身安全之目的，而侵害較小之手段可資運用，是以，

所採手段有其必要性。

❸ 事先核准係為維護憲法上之環境生態保護之重要法益，兼及人身安全法益，衡諸此等法益之重要性，相較於原住民從事狩獵活動之文化權利所受限制之不利益程度，尚屬均衡。

另一方面，解釋文指出，原住民族基於傳統文化及祭儀需要獵捕宰殺利用野生動物管理辦法第 4 條第 3 項規定，有關非定期性獵捕活動所定之申請期限 (5 日前) 與程序規定部分，其中就突發性未可事先預期者，欠缺合理彈性，對原住民從事狩獵活動之文化權利所為限制已屬過度，於此範圍內，有違憲法比例原則，應自本解釋公布之日起不再適用。其次，同辦法第 4 條第 4 項第 4 款規定，有關申請書中應載明獵捕動物之種類與數量之部分，違反憲法比例原則，應自本解釋公布之日起不再適用。解釋理由書認為，此一要求，係對原住民從事狩獵活動之文化權利所為之限制，已逾越必要之限度。再考量出獵前預估獵捕物種及數量，與原住民族傳統文化所傳承之思想及觀念難以相容，尤難認屬可合理期待原住民或部落等可承受者。

8.3.4 獵捕野生動物特定方法之禁止

獵捕野生動物，不得以下列方法為之：使用炸藥或其他爆裂物。使用毒物、電氣、麻醉物或麻痺之方法。架設網具。使用獵槍以外之其他種類槍械。使用陷阱、獸鋏、特殊獵捕工具或其他經主管機關公告禁止之方法。未經許可擅自設

置網具、陷阱、獸鋏或其他獵具，主管機關得逕予拆除並銷毀之。土地所有人、使用人或管理人不得規避、拒絕或妨礙。（本法第 19 條）

8.3.5 保育類野生動物及其產製品之輸入與輸出

野生動物之活體及保育類野生動物產製品輸出入，須經由中央主管機關核可始可輸出入。申請輸入保育類野生動物活體或其產製品時，其輸出國或再輸出國為瀕臨絕種野生動植物國際貿易公約會員國者，應檢附輸出國或再輸出國管理機關核發之符合該公約規定之出口許可證影本；非會員國者，應檢附輸出國或再輸出國主管機關核發之產地證明書或同意輸出文件影本。保育類野生動物活體，以學術研究機構、大專院校、公立或政府立案之公私立動物園供教育、學術研究之用為限（本法第 24 條及細則第 26 條第 3 款）。申請輸入保育類野生動物者，應對飼養處所、醫療照護事項提出完整說明以確保野生動物的生存權，申請者並應提出教育或學術研究計畫書，以符合本法之立法宗旨。又應注意者，申請首次輸入非臺灣地區原產之野生動物物種者，應檢附有關資料，並提出對國內動植物影響評估報告，經中央主管機關核准後，始得輸入（本法等 27 條）。旨在避免外來入侵種影響本國生態。

違反第 24 條第 1 項規定，未經中央主管機關同意，輸入或輸出保育類野生動物之活體或其產製品者。處六月以上五年以下有期徒刑，得併科新臺幣 30 萬元以上 150 萬元以下罰金（第 40 條第 1 款）。

8.4 野生動物之管理

案例事實

九、【魏○○未經主管機關同意買賣保育類野生動物卡達象龜案】

魏○○明知蘇卡達象龜業經主管機關明文公告列為珍貴稀有保育類野生動物，非經主管機關同意不得買賣，竟基於買賣公告列為保育類野生動物之犯意，於民國 92 年 1 月間某日，在新北市樹林火車站前，向某真實年籍姓名不詳成年人，以 1 隻 1 萬 2 千元之價格，購買蘇卡達象龜 2 隻（其中 1 隻於購買後一個月內死亡）。嗣於 99 年 6 月 30 凌晨 2 時 6 分，在「SOE 鵡林鸚雄之寵物公園」網站張貼「〔讓出 or 交換〕大書包一本。大家好，因徵不到母書包，故讓公書包，腹甲最短處 44 公分，無缺陷，請留短訊息」等訊息，適為森林暨自然保育警察隊東勢分隊員警發現，乃利用網路喬裝為買家身分，以電子郵件與魏○○聯繫，並佯以 3 萬元承購，並於

99 年 7 月 5 日中午 12 時，將依約赴桃園縣○○市○○路二段 120 號前擬進行交易之魏○○逮捕，且當場起獲蘇卡達象龜 1 隻，案經桃園地方法院以違反野生動物保育法第 35 條規定判刑六月。

法條解說

8.4.1 本法指定公告保育類野生動物前已飼養者之管理

於中央主管機關指定公告前，飼養或繁殖保育類及有害生態環境、人畜安全之虞之原非我國原生種野生動物或持有中央主管機關指定公告之保育類野生動物產製品，其所有人或占有人應填具資料卡，於規定期限內，報請當地直轄市、縣 (市) 主管機關登記備查；變更時，亦同。於中央主管機關指定公告後，因核准輸入、轉讓或其他合法方式取得前項所列之野生動物或產製品者，所有人或占有人應於規定期限內，持證明文件向直轄市、縣 (市) 主管機關登記備查；變更時，亦同。(本法第 31 條)

從本條之規定可得知，野生動物保育法並非一概不許民眾飼養保育類野生動物，而係區別指定公告為保育類野生動物前或後，已經飼養或合法取得保育類野生動物者，採取期限內報請備查之方式，有限度許可民眾飼養保育類野生動物，行政院農業委員會亦於 85 年 5 月 9 日以農林字第 5030011 號函公告適用野生動

物保育法之人工飼養、繁殖野生動物，足見我國法制上係採取報備許可制，而非一概禁絕飼養、繁殖，亦非採例外特許制，若干列為瀕臨絕種野生動物則不許人工飼養、繁殖。〔臺灣高等法院花蓮分院的 89 年上易字第 70 號判決參照〕

8.4.2 野生動物保育與放生

本法第 32 條規定，屬於中央主管機關公告之野生動物物種，經飼養者，非經主管機關之同意，不得釋放。旨在杜絕棄養及放生的行為，然而，近年放生活動有朝向大型化及商業化之趨勢，其來源多購自野生動物飼養販賣者，據估計每年放生之動物超過二億隻，物種涵蓋蟲魚鳥獸；除可能造成放生動物不適應野外環境而大量死亡、污染環境及民眾恐慌〔例如放生毒蛇〕等問題外，亦有破壞生態環境、傳播疾病或危害原生物種之

虞，對野生動物之保育影響至深且鉅，實應有效管理。因此，行政院於 105 年 2 月 1 日向立法院提出修正案，增訂第 32 條第 2 項，授權中央主管機關訂定野生動物釋放之程序、種類、數量、區域及其他應遵行事項之辦法，並修正第 46 條，對於違反規定者，依不同情事，處以不同額度之行政罰。但因屆期不續審，行政院農業委員會已重新併外來種防止、限制之問題重新擬具修正草案中。

8.4.3 野生動物之買賣、陳列、展示

保育類野生動物及其產製品經中央主管機關公告者，非經主管機關之同意，不得買賣或在公共場所陳列、展示。〔本法第 35 條〕違反第 35 條第 1 項規定，未經主管機關同意，買賣或意圖販賣而陳列、展示保育類野生動物或其產製品者。處六月以上五年以下有期徒刑，得併科

▲ 諸羅樹蛙 / 圖片來源：林務局影音資訊平台

新臺幣三十萬元以上一百五十萬元以下罰金。（第 40 條第 2 款）非意圖販賣而未經主管機關之同意，在公共場所陳列或展示保育類野生動物、瀕臨絕種或珍貴稀有野生動物產製品者，則處以行政罰。（第 51 條第 7 款）

保育類野生動物產製品如屬各時代、各族群經人為加工具有文化意義之藝術作品、生活及儀禮器物，即文化資產保存法第 3 條第 1 款第 8 目定義之「古物」，自不適用上述規定。

又，本條所定將使人民之財產權受到管制，對於非法買賣中央主管機關公告管制之野生動物及製品者予以處罰，乃為保育瀕臨絕種及珍貴稀有野生動物之必要，以達維護環境及生態之目標，且未逾增進公共利益所必要之範圍，與憲法並無牴觸。（大法官會議釋字第 465 號解釋參照）

第 35 條所稱買賣，包含買及賣二種態樣，兼及「買入」及「賣出」，不以「買入」後復行「賣出」為必要即使先販入而未售出，亦成立犯罪行為。（最高法院 105 年臺上字第 2675 號判決、臺灣桃園地方法院 99 年審訴字第 2425 號判決參照）且第 35 條僅規定不得「買賣」，係以「買賣」保育類野生動物為犯罪構成要件，並未明文「須以營利為目的之買賣」始成立犯罪，是以，只需符合買賣的行為即該當 35 條之構成要件，不因沒有營利行為而可免責。（最高法院 90 年臺上字第 139 號判決及臺灣嘉義地方法院 99 年訴字第 910 號判決參照）

所稱「陳列、展示」，須在公共場所所為，始足當之。（最高法院 88 年臺上字第 6258 號判決參照）所謂在公共場所陳列、展示，係指置於公共場所並使不特定之人或特定多數人均得以視覺作用直接觀察知覺之情形而言。（臺灣臺北地方法院 92 年訴字第 1757 號判決參照）如果只是在鳥店展示保育類野生動物，基於鳥店僅屬「公眾得出入之場所」，而非「公共場所」，此與第 35 條第 1 項在「公共場所陳列、展示」之犯罪構成要件不符，無從以違反第 40 條第 2 款之罪相繩。（臺灣高等法院 97 年上訴第 1275 號判決參照）

必須注意的是：國際自然保育聯盟（IUCN）在 2016 年的「大象現況評估報告」（African Elephant Status Report 2016）中指出，野生非洲大象族群自 2006 年調查結果尚存 50.8 萬頭，至 2015 年僅剩 41.5 萬頭，族群數量大幅減損了約 20%，以此族群下降趨勢，非洲象可能在 2035 年滅絕。報告也指出，象牙的利用與盜獵，是大象野生族群生存的最大威脅。國際間的象牙貿易，也早依華盛頓公約禁止多年。2016 年 10 月在南非舉行的第 17 屆華盛頓公約締約國會議（CITES CoP17）做出決議，呼籲各國關閉國內的合法象牙買賣市場。我國野生動物保育法在 83 年通盤修正時，已規定原則禁止象牙製品買賣，以及在公共場所陳列、展示，但當年，相關藝品、刻印

業等，仍以象牙製品為生計，並留有大量庫存，農委會於 84 年訂定《庫存象牙產製品管理補充說明》，規定業者可在當年申報庫存的象牙產製品，經許可後可以買賣，以為緩衝。目前象牙製品需求已大量減少，行政院農業委員會乃於 107 年 7 月 13 日增訂本法施行細則第 33 條之 3，直轄市、縣 (市) 主管機關依本法第 35 條第 1 項同意買賣之象牙或象牙加工品，自 109 年 1 月 1 日起，不得買賣。原同意買賣文件併同失效。正式終結國內象牙商業交易。

8.5　罰則

案例事實

十、【澎湖消防隊員向漁民購買保育類野生動物綠蠵龜案】

乙○○為澎湖縣政府消防局第一大隊吉貝消防分隊之隊員，王○○為隊長，陳○○亦為該分隊之隊員，均明知綠蠵龜係經公告為瀕臨絕種之保育類野生動物，非經允許，不得獵捕、宰殺、買賣。乙○○、王○○、陳○○為逞口腹之慾，共同基於購買綠蠵龜之犯意聯絡，先由乙○○於民國 105 年 5 月初與甲○○聯繫，以 1 隻綠蠵龜新臺幣約 3,000 元之代價，告知甲○○其等欲購買綠蠵龜，囑咐甲○○在出海捕魚時，順便獵捕綠蠵龜，並協助宰殺後，將綠蠵龜屠體運送給乙○○等人，供其等烹煮食用。經最高法院於 106 年 12 月 13 日判決定讞處乙○○一年 4 月、緩刑 5 年，並支付國庫 40 萬元。

法條解說

本法所定罰則之構成要件，多訂於本法之第二、三、四章中，處罰之規定則訂於本章。為便於了解，部分條文已於前述。本節就實務上常見者簡要歸納說明。

8.5.1 刑罰規定

8.5.1.1 保護的法益

在第 8 章已敘及，法益就是刑法所保護的理念或抽象的價值，指生活利益及權益而具有重要價值，必須受到刑法特別的保護而言。本法罰則章的刑罰規定，其保護的法益應建構在生物多樣性上的環境法益。法院判解有稱野生動物保育法益者 (臺灣高等法院高雄分院 92 年上訴字第 1721 號判決、同院 91 年上訴字第 526 號判決)；物種多樣性法益者；(臺灣高等法院花蓮分院 105 年原上訴字第 8 號判決及同院 102 年上更一字第 23 號判決) 另在論罪科刑時論及者有：危害自然

生態環境及物種多樣性者（臺灣高等法院高雄分院 102 年度上訴字第 205 號判決）；危害自然生態環境且有損國際形象者（臺灣高等法院高雄分院 99 年上更一字第 195 號判決、同院 99 年上訴字第 786 號判決、97 年上訴字第 1922 號判決）。另有論者認為：對保育類野生動物保育之法益為社會法益概念下之環境法益（蔡承瑜，2015）。

8.5.1.1 重要規定

本法的刑罰規定應處罰的犯罪行為，分為六種態樣。

第一，未經中央主管機關同意，輸入或輸出保育類野生動物之活體或其產製品者。（本法第 40 條第 1 款）

第二，違反第 35 條第 1 項規定，未經主管機關同意，買賣或意圖販賣而陳列、展示保育類野生動物或其產製品者。（本法第 40 條第 2 款）

第三，該當第 18 條之第 1 款之構成要件：「非經主管機關查明野生動物族群量逾越環境容許量並劃定許可利用之地點、範圍及數量」；或違反同條第 2 款規定「非基於學術研究或教育目的，經中央主管機關許可」，而獵捕、宰殺保育類野生動物者。（本法第 41 條第 1 項第 1 款、2 款）

第四，該當前述法條構成要件或違反法條規定，而騷擾、虐待保育類野生動物者。（本法第 42 條第 1 項第 1、2 款）

在劃定之野生動物保護區內，為前述第三種及第四種行為者，加重其刑至三分之一。（本法第 41 條第 2 項、第 42 條第 2 項）

第五，違反第 19 條第 1 項規定，使用禁止之方式，獵捕、宰殺保育類野生動物者。（本法第 41 條第 1 項第 3 款）

第六，在野生動物重要棲息環境，具有第 8 條第 3 項之情形，而不依期限提出改善方法或具第 9 條及第 13 條所定情形，不提補救方案或不依補救方案實施等，致發生破壞野生動物之棲息環境致其無法棲息者。（本法第 43 條第 3 項）

應注意者，法人之代表人、法人或自然人之代理人、受僱人或其他從業人員，因執行業務，犯上述各條之罪者，除依各該條規定處罰其行為人外，對該法人或自然人亦科以各該條之罰金。（本法第 44 條）

犯上述各條之罪查獲之保育類野生動物

得沒收之；查獲之保育類野生動物產製品及供犯罪所用之獵具、藥品、器具，沒收之。〔本法第 52 條第 1 項〕

8.5.2 行政罰規定

本法之行政罰規定甚多，最重要的處罰規定為：

在野生動物重要棲息環境，未經許可擅自為各種開發利用行為者〔本法第 43 條第 1 項〕。

未經主管機關同意，釋放經飼養之中央主管機關公告之野生動物者；其致有破壞生態系之虞者加重處罰〔本法第 46 條〕；使用禁止之方式，獵捕一般類野生動物者〔本法第 49 條第 1 項第 2 款〕。

飼養或繁殖保育類或具有危險性之野生動物，其場所及設備不符合標準者〔本法第 49 條第 1 項第 5 款〕。

違反主管機關在所劃定野生動物保護區公告管制事項，獵捕、宰殺、騷擾、虐待一般類野生動物者〔本法第 50 條第 1

項第 1 款及第 2 項〕。

在主管機關所定野生動物保護區違反保育計畫公告管制事項之採集、砍伐植物、污染環境、破壞環境及其他禁止等行為〔本法第 50 條第 1 項第 2 款〕。

未經中央主管機關之同意，輸入或輸出一般類野生動物者〔本法第 51 條第 3 款〕。

非意圖販賣而未經主管機關之同意，在公共場所陳列或展示保育類野生動物、瀕臨絕種或珍貴稀有野生動物產製品者〔本法第 51 條第 7 款〕。

原住民族未經主管機關許可，獵捕、宰殺或利用一般類野生動物，供傳統文化、祭儀之用或非為買賣者，但首次不罰〔本法第 51 條之 1〕

應注意者，違反本法規定，除依第 52 條第 1 項沒收者外，查獲之保育類野生動物與其產製品及供違規所用之獵具、藥品、器具得沒入之。〔本法第 52 條第 2 項〕

8.6 練習題

① 野生動物如何分類？如何決定？事涉刑罰的構成要件，由中央主管機關公告有無違反憲法所定的法律保留原則？

② 野生動物重要棲息環境的指定公告，所發生的法律效果如何？請詳敘之。

③ 請說明野生動物保護區之劃設程序及應訂定之保育計畫內容。

④ 保育類野生動物在何種條件下始得有限度的利用？

⑤ 野生動物危害農林作物，應如何依法處理？

⑥ 請詳論原住民族狩獵的本質及野生動物保育法如何規範？

⑦ 請舉例說明野生動物保育法第 21 條之 1 及第 41 條、第 51 條間之適用問題。

⑧ 野生動物活體及保育類野生動物產製品之輸出與輸入，應踐行的規定為何？

⑨ 野生動物之買賣、陳列、展示，應如何依野生動物保育法管理？

⑩ 請依野生動物保育法規定論述野生動物保育與放生的問題，並提出解決之道。

📖 延伸閱讀 / 參考書目

🌲 王皇玉 (2018) 建構以原住民為主體的狩獵規範：兼評王光祿之非常上訴案。臺大法學論叢 47(2): 839-887。

🌲 方國運 (2005) 認識華盛頓公約。臺灣林業 31(1):34-37。

🌲 李建良 (2003) 淺談原住民的憲法權利 - 若干初探性想法。臺灣本土法學 47:115-125。

🌲 李建良 (2019) 原住民族狩獵與規範衝突 - 文化、權力與憲法的四角習題 法律扶助與社會第 2 期。頁 18-25。

🌲 郭乃菱 (2003) 從國際公約我國野生動物保育法之法制與實踐。東海大學法律系碩士論文。

🌲 李沛英 (2009) 美國培利修正案制裁對臺灣保育政策的影響。臺灣大學森林研究所碩士論文。

🌲 辛豐年、林奕宏 (2013) 物種保護區的新思維 - 氣候變遷的思考。臺灣環境土地法雜誌 8:51-78。

🌲 柯澤東 (1988) 野生動物之保育及立法 (收錄於環境法論)。臺大法學論叢 17(1):225-232。

🌲 蔡承瑜 (2015) 與動物相關的法益—論動保法與野保法中刑事處罰之檢討。臺灣林業 41(4): 55-64。

🌲 鄭川如 (2016) 從兩人權公約見識原住民狩獵權。輔仁法學 52: 189-248。

🌲 鄭川如 (2017) 王光祿原住民自製獵槍案—最高法院 104 年臺上字 3280 號判決評釋。法令月刊 68(9): 75-92。

🌲 裴家騏、張惠東 (2017) 我們對原住民族狩獵自主管理制度的看法。臺灣林業 43(4): 20-15。

案例事實

一、【九九峯一夜白頭經行政院農業委員會指定公告為自然保留區】

九九峯以具有 99 個山峰得名。從遠處眺望，分布密集而不規則的小山峰，似跳躍的火焰。地質屬更新世頭嵙山層上部的火炎山礫石層，厚度約 1,000 公尺；地形呈現鋸齒狀的山峰，透水性良好，乾燥時膠結緊密堅硬，雨季則受雨水侵蝕下切，造成許多尖銳的山峰與深溝。且位於烏溪溪畔部分，常因受溪水淘空坡腳而造成崩塌，形成懸崖峭壁的雄壯景觀，921 大地震，一夜白頭，各山頭之礫石崩落，形成光禿禿的獨特景觀。89 年 5 月 22 日，行政院農業委員會指定公告為「九九峰自然保留區」，保護對象為「地震崩塌斷崖特殊地景」。

二、【阿朗壹古道沿線經屏東縣政府指定公告為自然保留區】

1874 年至 1895 年間，清廷先後開闢八條東西越嶺道路通往臺灣東部。其中一條道路由恆春通往卑南，即為琅嶠一卑南道，總長約 203 公里。古道大致由恆春東門起程，往東越小嶺，再溯港口溪上至源頭附近後，向東翻越山嶺出八瑤灣，最後沿東海岸往北抵達卑南。此路線多沿溪或沿海岸而行，地勢較為平坦，為通往臺灣東部之要道。目前僅剩屏東縣旭海漁港經牡丹鼻、觀音鼻至臺東縣塔瓦溪約 4 公里海岸，因長期受軍事管制影響，成為臺灣陸路交通較不發達的海岸地區之一。此段海岸保留部分古道殘基及較原始風貌，成為臺灣沿岸地質地貌的代表。屏東縣政府於 101 年 11 月 20 日依文化資產保存法第 79 條 (修正前，現為第 81 條) 規定，指定公告為「旭海一觀音鼻自然保留區」指定理由為 (1) 具有代表性生態體系。(2) 具有獨特地形、地質意義。(3) 具有基因保存永久觀察、教育研究價值之區域。嗣臺東縣政府以該自然保留區之公告指定，致規劃中之臺 26 線不能開設，影響臺東之發展，向行政院陳情要求農委會不予備查未果。

三、【野柳女王頭斷頭危機】

2018 年 5 月，監委對於野柳女王頭（為尚未取得法律地位之「野柳地質公園之一部分」之斷頭危機，表示將調查行政部門之責任；學者林俊全投書媒體表示：野柳女王頭，在地形學上稱為蕈狀岩，主要是取其形狀命名。之所以會成為這樣的蕈狀岩，是經過千百年的風吹日曬雨淋，差異風化的結果。整個外貌隨著時間而變化。所以按照自然的規律，女王頭跟人們一樣，會隨時間而凋零。高度比女王頭高的蕈狀岩，幾乎都已經斷頸。瞭解岩石與地形的演育過程，正是野柳蕈狀岩引人入勝之處。瞭解與尊重大自然的運作，是我們必須上的一堂課。

四、【林君移除私人土地上人工栽植之臺灣油杉作堆肥案】

（按：本案發生於 101 年 11 月 7 日，然臺灣油杉業於 108 年 4 月 23 日經行政院農業委員會公告解除珍貴稀有植物。惟目前僅有臺灣油杉成為案例，爰採用以為解說）

林君於 101 年 11 月 7 日至 103 年 2 月 6 日間某時間內，在新北市○○區○○○段○○○○段○○地號土地上，為堆肥之用，而移除其上屬於文化資產保存法所規範自然地景中自然紀念物之珍貴稀有植物臺灣油杉 7 棵。經檢察官認被告違反文化資產保存法第 85 條規定，應依同法第 103 條第 1 項第 6 款規定處罰。嗣經臺灣高等法院審理後認為系爭土地之臺灣油杉均係林君父親在私人土地上所為人工植栽，主觀上認為可自行管理，林君挖掘本案 7 棵臺灣油杉之行為，尚無違反文化資產保存法第 85 條破壞自然紀念物之「主觀犯意」甚明。檢察官並未進一步積極舉證證明林君主觀上對於系爭土地上生長之臺灣油杉屬文化資產保存法規範之自然紀念物乙節有所認識，及林君主觀上明知系爭土地上之臺灣油杉不得自由處置，而猶予移除、挖掘等理由，而判決無罪。（臺灣高等法院 106 年上訴字第 965 號判決）

法條解說

依據國際通行之國際自然保育聯盟 (IUCN) 所定「保護區經營管理類別系統」，依人為影響程度分為六類。臺灣現有四類保護區：依文化資產保存法指定公告之自然保留區為第 I 類、自然紀念物為第 III 類、依國家公園法劃定的國家公園為第 II 類、依野生動物保育法劃設野生動物保護區為第 IV 類，皆屬於較嚴格之自然保護區。地質公園為第 V 類 – 地景海景保護區。

在國際上，自然遺產的保護，為國家文化

實力的展現，「保護世界文化與自然遺產公約」是確認國家最珍貴的地理環境區域的國際公約，以最高的標準進行保護。文化資產保存法自然地景、自然紀念物章之立法宗旨，在於充實精神生活，發揚多元文化；建立完整之保護區國家系統，並透過自然保留區、地質公園之經營管理，自然紀念物之保育，有效保護珍貴自然資源的完整，促使永世保存，讓世代人均能享有，實現代際正義。

9.2.1 定義

自然地景、自然紀念物：指具保育自然價值之自然區域、特殊地形、地質現象、珍貴稀有植物及礦物。[第 3 條第 9 款] 自然地景、自然紀念物依其主管機關，區分為國定、直轄市定、縣 (市) 定三類，由各級主管機關審查指定後，辦理公告。直轄市定、縣 (市) 定者，並應報中央主管機關備查。[本法第 81 條]

自然地景依其性質，區分為自然保留區、地質公園；自然紀念物包括珍貴稀有植物、礦物、特殊地形及地質現象。其中，地質公園、特殊地形及地質現象，為 105

年 7 月 27 日通盤檢討修正時增訂，主要是考量臺灣地狹人稠，自然地景多與在地居民生活有互動，增列「地質公園」可對應於 IUCN 第 V 類 – 地景海景保護區，有助建立更完整之保護區國家系統，並可透過此新類別之保護區經營，發揮對在地社區之生態、生活和生產「三生」效益。此外，將自然紀念物類別增列特殊地形和地質現象，符合國際間對自然紀念物之一般定義，可針對類似女王頭等極具保存價值之地形地質現象或小範圍區域予以指定公告，也適用目前所研究登錄之地景保育景點，予以保護，彰顯臺灣的地形地質價值。

9.2.2 指定基準

依據自然地景與自然紀念物指定及廢止審查辦法第 2 條、第 3 條規定，分述指定基準如下：

自然保留區之指定基準為：具代表性生態體系，可展現生物多樣性；具獨特地形、地質意義，可展現自然地景之多樣性；具基因保存永久觀察、教育及科學研究價值等條件之一的自然、保存完整之區域。

地質公園之指定係以具有：以特殊地形、地質現象之地質遺跡為核心主體；特殊科學重要性、稀少性及美學價值；能充分代表某地區之地質歷史、地質事件及地質作用等條件之一的區域作為基準。〔自然地景與自然紀念物指定及廢止審查辦法第 2 條〕

自然紀念物之指定，在珍貴稀有植物，係指本國特有，且族群數量稀少或有絕滅危機者。目前公告 4 種為：

❶ 臺灣穗花杉 〔*Amentotaxus formosana*〕

紅豆杉科常綠小喬木，分布於台灣南部中央山脈 500-1500 公尺之天然闊葉林中，如南大武山、姑子崙山。

❷ 南湖柳葉菜 〔*Epilobium nankotaizanense*〕

柳葉菜科草本植物，分布於臺灣北部海拔 3,400 公尺以上的地區，如南湖大山、中央尖山和雪山，是典型的高山岩屑地指標植物。

❸ 臺灣水青岡 〔*Fagus hayatae*〕

又名山毛櫸，殼斗科落葉喬木，大多生長於山稜線附近，主要在北部的新北市、桃園市和宜蘭縣一帶。

❹ 清水圓柏 〔*Juniperus chinensis var. tsukusiensis*〕

柏科，生長在衝風地帶多呈匍匐狀，在背風地帶則為直立的灌木或小喬木，分佈在花蓮的清水山及嵐山一帶。

珍貴稀有礦物之指定，以本國特有，且數量稀少者。目前無指定公告者。

特殊地形及地質現象之指定，以具有自然形成且獨特罕見或科學、教育、美學及觀賞價值者為基準，目前公告：澎湖縣湖西鄉北寮村「赤嶼」、「番仔石」及苗栗縣後龍鎮過港段 643-2、643-3 地號之「過港貝化石層」。

9.3　指定及廢止程序

自然地景及自然紀念物之指定，是一項科學評價工作，主管機關必須以專業知能結合公眾參與制度，審慎進行。應踐行的程序，首重現場勘查，並應召開說明會或公聽會。其次，擬具評估報告，提經審議會審議通過，並作成指定處分之決定，最後再辦理公告。(自然地景與自然紀念物指定及廢止審查辦法第 4 條)

自然地景及自然紀念物的評估報告應從各層面敘述，包括：符合之指定基準及具體內容；保存完整之程度；指定、變更範圍或廢止之緣由及理由；土地權屬、範圍、面積及位置圖 (地質公園可包含分區規劃)；指定範圍之影響 (應含社會、經濟方面之影響)；環境特質及資源現況 (在自然紀念物則為分布數量或族群數量)；保存、維護方案及可行性評估；面臨之威脅、既有保存、維護措施及未來

之保育策略 (在自然紀念物則為面臨之威脅、既有保護、維護生態及環境措施)；說明會或公聽會之重大決議；管理維護者、預期效益及應遵行事項等。(自然地景與自然紀念物指定及廢止審查辦法第 6 條、第 7 條)

自然地景、自然紀念物之廢止條件為：保護目的已達成，無繼續指定之必要；滅失、價值減損，無從恢復；保護之功能與效用，已有其他保育措施或其他法定保護區域得以替代等條件之一，得由指定機關擬具評估報告，送指定機關之審議會審議通過後，公告廢止，由直轄市或縣市政府指定者，應報請主管機關核定。(自然地景與自然紀念物指定及廢止審查辦法第 8 條、第 9 條)

9.4　限制、禁止規定及罰則

自然保留區是最嚴格的保護區域，不容破壞，必須保有其自然狀態，因此，自然保留區禁止改變或破壞其原有自然狀態。為維護自然保留區之原有自然狀態，除其他法律另有規定外，非經主管機關許可，任何人不得任意進入其區域範圍。

(本法第 86 條) 依據申請進入自然保留區許可辦法第 2 條規定，只限原住民族為傳統文化、祭儀之需要；研究機構或大專院校為學術研究之需要；民眾為環境教育之需要及其他經主管機關認可之特殊需要等情形，始得許可進入。

自然紀念物是最珍貴而存在於自然界之物，禁止採摘、砍伐、挖掘或以其他方式破壞，並應維護其生態環境。然而，為保護原住民化，參酌野生動物保育法的相關規定，原住民族為傳統文化、祭儀需要，報經主管機關核准者，可在有效監督下為之。此外，研究機構為研究、陳列或國際交換等特殊需要，也可以在報經主管機關核准後適度進行。（本法第85條）

違反第86條第1項規定，改變或破壞自然保留區之自然狀態者，已侵害了保護自然保留區完整自然的環境法益，必須啟動國家的刑罰權，追究其刑事責任。處六個月以上五年以下有期徒刑，得併科新臺幣50萬元以上2,000萬元以下罰金；未遂犯，也必須處罰。違反第85條規定，採摘、砍伐、挖掘或以其他方式破壞自然紀念物或其生態環境者，使珍貴、自然而應世代保存的紀念物受損，侵害了環境法益，亦應處以刑罰（本法第103條）

值得探討的是：採摘珍貴稀有植物自然保留區或其他自然環境下生長的珍貴稀有植物自然紀念物，當然與文化資產保存法第103條的構成要件該當，應予論罪科罰。如果該植物是利用人工授粉方式復育而成，生長於一般土地上，遭人採摘，是否該當上開法條之構成要件？查第15屆華盛頓公約會員國大會CITES之Conf.11.11決議文指出：人工栽植之個體係指生長在控制條件下（非天然環境）或不包含從野生取得之任何材料，珍貴稀有植物如係生長在野外自然環境，而非溫度、濕度等生長條件受到控制之溫室，則不論其土地權屬及使用地類別，均有文化資產保存法第103條之適用。（行政院農業委員會104年11月13日農林務字第10410718527號函及臺灣臺北地方法院104年訴字第170號判決參照）

必須注意的是，進入自然地景、自然紀念物指定之審議程序者，為「暫定自然地景」、「暫定自然紀念物」，其效力視同「自然地景」、「自然紀念物」。

〔本法第 84 條第 3 項、第 20 條〕亦適用上開禁止事項及罰則。

自然地景、自然紀念物管理不當致有滅失或減損價值之虞者，主管機關得通知所有人、使用人或管理人限期改善，屆期未改善者，主管機關得逕為管理維護、修復，並徵收代履行所需費用。並得處新臺幣 30 萬元以上 200 萬元以下罰鍰。〔本法第 83 條、第 28 條、第 106 條〕

未經主管機關許可，任意進入自然保留區者，處新臺幣 3 萬元以上 15 萬元以下罰鍰。

9.5 練習題

① 自然地景及自然紀念物的定義為何？各依其性質如何區分？
② 請說明自然地景之指定基準。
③ 請說明然保留區之禁止規定及其罰則。
④ 請以臺灣油杉為例說明自然紀念物如何認定？並說明自然紀念物之禁止規定及其罰則。

📖 延伸閱讀 / 參考書目

🌲 辛年豐、林奕宏〔2013〕物種保護區的新思維。臺灣環境土地法學雜誌 8:51-78。

🌲 林俊全〔2016〕臺灣十大地理議題。遠足文化出版社，668 頁。

撰寫人：李桃生　審查人：林俊全

10.1 非都市土地使用管制規則

10.1.1 位階及其效果

「國土計畫法」預定 111 年 5 月 1 日全面上路。在此之前，現行法定土地使用計畫種類包括都市計畫、區域計畫及國家公園計畫等 3 種。係以都市計畫法、區域計畫法及國家公園法作為土地利用之上位規範，實施行政管制，除非法律有明文規定人民在一定條件下得為辦理土地開發利用之申請外，原則上係賦予主管機關就都市計畫、區域計畫或國家公園區域範圍內之土地，遵循都市計畫法、區域計畫法或國家公園法規定之法定程序，依職權實施土地利用之管制，是具有法律上拘束力之公權力行為，以建構國土適當合理規劃及永續發展利用之客觀法秩序。

區域計畫內土地使用管制，在依法發布都市計畫範圍內之都市土地依都市計畫管制，都市土地以外之土地，稱為非都市土地。區域計畫公告實施後，不屬區域計畫法第 11 條（例如市鎮計畫、鄉街計畫、特定區計畫）之非都市土地，應由有關直轄市或縣（市）政府，按照非都市土地分區使用計畫，製定非都市土地使用分區圖，並編定各種使用地，報經上級主管機關核備後，實施管制。變更之程序亦同。並授權中央主管機關訂定位

階屬於「法規命令」之非都市土地使用管制規則。（區域計畫法第 15 條地 1 項）

非都市土地之使用，除國家公園區內土地，由國家公園主管機關依法管制外，按其編定使用地之類別，依非都市土地使用管制規則規定管制之。（非都市土地使用管制規則第 4 條）

在法律效果上，行政機關依法所為區域計劃之土地分區使用計畫及土地使用管制決定，係實施土地使用管制之依據，其所編訂各種使用地之結果，係對土地所有人所有權之使用收益、處分權能之行使，發生公法上使用管制之效力，使其法律上之地位，因管制措施而直接受到影響。（最高行政法院 104 年判字 128 號判決參照）

10.1.2 非都市土地使用管制規則之內容

世界的森林或植群分帶有許多種

10.1.2.1 土地使用區劃定及使用地編定

非都市土地依其使用分區之性質，編定為甲種建築、乙種建築、丙種建築、丁種建築、農牧、林業、養殖、鹽業、礦業、窯業、交通、水利、遊憩、古蹟保存、生態

保護、國土保安、殯葬、海域、特定目的事業等使用地。(第 3 條)。

非都市土地使用分區劃定及使用地編定後，由直轄市或縣 (市) 政府管制其使用，並由當地鄉 (鎮、市、區) 公所隨時檢查，其有違反土地使用管制者，應即報請直轄市或縣 (市) 政府處理。(第 5 條第 1 項)

10.1.2.2 土地使用之管制

一、容許使用項目之管制

非都市土地經劃定使用分區並編定使用地類別，應依其容許使用之項目及許可使用細目使用。但中央目的事業主管機關認定為重大建設計畫所需之臨時性設施，經徵得使用地之中央主管機關及有關機關同意後，得核准為臨時使用。中央目的事業主管機關於核准時，應函請直轄市或縣 (市) 政府將臨時使用用途及期限等資料，依相關規定程序登錄於土地參考資訊檔。中央目的事業主管機關及直轄市、縣 (市) 政府應負責監督確實依核定計畫使用及依限拆除恢復原狀。前項容許使用及臨時性設施，其他法律或依本法公告實施之區域計畫有禁止或限制使用之規定者，依其規定。(第 6 條)

非都市土地使用管制規則對各種使用地之容許使用項目、許可使用細目及其附帶條件，以附表的方式規定甚詳，至於申請容許使用應備文件及程序，規定於第 6 條之 1、第 6 條之 2、第 6 條之 3。

應注意者，山坡地範圍內森林區、山坡地保育區及風景區之土地，在未編定使用地之類別前，適用林業用地之管制。(第 7 條)

二、使用強度之管制

使用強度管制指的是建蔽率及容積率之管制，以森林遊樂區之森林遊樂設施之使用編定為遊憩用地為例，其建蔽率百分之四十。容積率百分之一百二十。農牧、林業、生態保護、國土保安用地之之建蔽率及容積率，則由中央主管機關即行政院農業委員會會同建築管理、地政機關訂定中央主管機關訂定。(第 9 條)

三、使用分區變更之管制

非都市土地經劃定使用分區後，因申請開發，依區域計畫之規定需辦理土地使用分區變更者，應依非都市土地使用管制規則之規定辦理。(第 10 條) 應申請使用分區變更之規模、應備文件、審議程序、開發許可或開發同意之核定及廢止暨其他應遵行事項，規定於第 11 條至第 23 條之 3。

四、使用地變更之管制

土地使用分區內各種使用地，除依第三章規定辦理使用分區及使用地變更者外，應在原使用分區範圍內申請變更編定。使用分區內各種使用地之變更編定原則，除本規則另有規定外，應依使用分區內各種使用地變更編定原則表為之 (第 27 條) 至於變更編定的程序及相關事項，規定於第 28 條至第 51 條。

10.1.3 違反非都市土地使用管制之罰則

違反本規則所定管制使用土地者，由該管直轄市、縣 (市) 政府處新臺幣六萬元以上三十萬元以下罰鍰，並得限期令其變更使用、停止使用或拆除其地上物恢復原狀。前項情形經限期變更使用、停止使用或拆除地上物恢復原狀而不遵從者，得按次處罰，並停止供水、供電、封閉、強制拆除或採取其他恢復原狀之措施，其費用由土地或地上物所有人、使用人或管理人負擔。(區域計畫法第 21 條第 1 項、第 2 項)

違反區域計畫法第 21 條規定不依限變更土地使用或拆除建築物恢復土地原狀者，除依行政執行法辦理外，並得處六個月以下有期徒刑或拘役 (區域計畫法第 22 條)。

10.2 原住民族基本法

10.2.1 原住民族基本法之地位及性質

原住民族基本法的位階為法律，並不具憲法的效力。基本法針對特定領域事項制定基本原則、準繩與方針。基本法係各該領域或政策措施之基本原理原則或基本方針。(蔡秀卿 2007)

憲法增修條文第 10 條第 10 項規定：國家肯定多元文化，並積極維護發展原住民族語言及文化。同條第 11 項規定：國家應依民族意願，保障原住民族之地位及政治參與，並對其教育文化、交通水利、衛生醫療、經濟土地及社會福利事業予以保障扶助並促其發展，其辦法另以法律定之。由此觀之，原住民族基本法，主要目的在於補充憲法之不足，並且作為該領域政策的指導與基礎，將該領域之施政及國家責任、人民的權利義務等，做原則性的規範，也可授權立法或行政機關制定相關法令，將內容具體化。(湯文章 2016)

世界各原住民族多處偏遠地區，接觸、利用現代物質、經濟、科技、教育等資源之機會，相對缺乏，形成弱勢族群，乃不爭之實情，我國於 91 年 10 月 9 日參酌聯合國之「原住民族權利宣言」草案 (2007 年 9 月 3 日正式通過) 由當時之總統陳水扁以國家元首身分，正式和臺灣原住民族代表簽訂「原住民族與臺灣政府新的夥伴關係」協定，原住民基本法第 1 條即揭明立法宗旨為：為保障原住民族基本權利，促進原住民族生存發展，建立共存共榮之族群關係；立法理由指明：本法之制定，係認落實憲法增修條文第 10 條第 12 項規定及總統政見「原住民族與臺灣政府新的夥伴關係」、

「原住民族政策白皮書」，因此，原住民基本法可以定位為憲法的施行法。

10.2.2 原住民族基本法與森林法、野生動物保育法之關係

按中央法規標準法第 16 條規定：「法規對於其他法規所規定之同一事項而為特別之規定者，應優先適用之，其他法規修正後，仍應優先適用。」此即「特別法優於普通法」適用原則，而法律之所以有普通法與特別法之分，乃有二種以上之法律同時存在，對於同一事件，均有所規定，而其規定不相同者所致。

司法實務上，有關於原住民族基本法是否具有優先森林法之效力？向來認為原住民族基本法性質上為普通法、廣義法，森林法為特別法、狹義法，依特別法、狹義法優先於普通法、廣義法之原則，應優先適用森林法（最高法院 99 年度臺上字第 6852 號刑事判決參照）；至於，原住民基本法與野生動物保育法之關係，原住民族基本法性質上為普通法，野生動物保育法為特別法，依特別法優先普通法之原則，應優先適用野生動物保育法（臺灣高等法院花蓮分院 99 年度上訴字第 238 號刑事判決參照）。嘉義地方法院針對原住民基本法第 19 條與野生動物保育法第 21 條之 1 的關係，在 103 年原訴字第 4 號判決指出：原住民族基本法第 19 條與野生動物保育法第 21 條之 1 第 1 項之准許規定均係憲法所保障之原住民「文化權」之具體實現，本應充分

尊重原住民族建構保持己身文化的權利，非不得已須以主流族群文化所建構的國家權力檢視、介入、詮釋時應保持謙抑態度，避免國家權力自身文化立場解釋及適用時，形同曲解、同化、瓦解原住民文化，致使多元文化的憲法價值無從達成。循此解釋方法，「准許規定」既屬文化權保障的具體實現，核心價值係在「文化」，無論「祭儀」或「自用」，皆為傳統文化在特定面向的呈現，應屬傳統文化之例示，只作為認定「傳統文化」之輔助，非別傳統文化而獨立存在。

必須注意的是：原住民族基本法第 34 條規定：「主管機關應於本法施行後 3 年內，依本法之原則修正、制定或廢止相關法令（第 1 項）。前項法令制（訂）定、修正或廢止前，由中央原住民族主管機關會同中央目的事業主管機關，依本法之原則解釋適用之（第 2 項）。」該基本法制定時僅有第 1 項，其立法理由指出：「為確立本法之母法地位、保障原住民之生存發展、有效推展原住民族事務並避免行政及立法機關怠惰，爰採取限期立法規定。」104 年 6 月 24 日修正時，增訂第 2 項規定，以維護及保障原住民族基本權益。準此，為實踐原住民族基本法規定之內容，相關法律對於原住民族基本法規定之內容應予尊重，並配合檢討修正，此亦係原住民族基本法第 34 條規定立法精神所在。從而森林法第 15 條第 4 項與野生動物保育法第 21 條之 1 規定修正前，自得依原住民族基本法第

34 條第 1 項規定，由中央主管機關與原住民族委員會，會銜發布解釋令。(如行政院農業委員會與原住民族委員會，針對森林法第 15 條第 4 項之適用範圍及野生動物保育法第 21 條之 1 所指「文化」之內涵，會銜發布解釋令。)

10.2.3 原住民族基本法其他重要法條

第 20 條第 1 項規定：政府承認原住民族土地及自然資源權利：其立法理由為：依原住民族定義得知國家建立之前原住民族即已存在，是以國際間各國均尊重原住民族既有領域管轄權，並對於依附在領域管轄權所衍生的原住民族土地及自然資源權利也均予以承認。第 3 項規定：原住民族或原住民所有、使用之土地、海域，其回復、取得、處分、計畫、管理及利用等事項，另以法律定之。其立法理由為：由於原住民或原住民族使用之土地、海域，其回復、取得、處分、計畫、管理及利用等事項，牽涉專精繁複之規範，且關係原住民權益甚鉅，亟需另以專法加以規定。

依第 2 條第 5 款之規定，原住民土地係指原住民族傳統領域土地及既有原住民保留地。既有原住民保留地依原住民族委員會訂定之「公有土地增劃編原住民保留地審查作業規範第 4 點」規定，原住民於中華民國 77 年 2 月 1 日前即使用其祖先遺留且目前仍繼續使用之公有土地，得申請增編或劃編原住民保留地；平地鄉原住民宗教團體於中華民國 77 年 2 月 1 日前即使用原住民族遺留且目前仍繼續作宗教建築設施使用之公有土地，得申請增編原住民保留地。如屬下列情形之一，不得增劃編為原住民保留地：依土地法第 14 條規定不得私有之土地。但原住民申請經公產管理機關同意配合提供增、劃編原住民保留地者、已奉核定增、劃編為原住民保留地者，不在此限；依水利法第 83 條規定公告屬於尋常洪水位行水區域之土地。土地使用因下列情形之一而中斷者，亦得增編為原住民保留地：經公產管理機關提起訴訟或以其他方式排除使用；因不可抗力或天然災害等因素，致使用中斷；經公產管理機關排除占有，現況有地上物或居住之設施；因土地使用人之糾紛而有中斷情形，經釐清糾紛；77 年 2 月 1 日以後經公產管理機關終止租約。應注意者，109 年 3 月 3 日修正作業規範時增訂：依原住民族特定區域計畫規定得增劃編為原住民保留地之土地，由原住民族委員會增劃編為原住民保留地。

第 21 條規定：政府或私人於原住民族土地或部落及其周邊一定範圍內之公有土地從事土地開發、資源利用、生態保育及學術研究，應諮商並取得原住民族或部落同意或參與，原住民得分享相關利益。政府或法令限制原住民族利用前項土地及自然資源時，應與原住民族、部落或原住民諮商，並取得其同意；受限制所生之損失，應由該主管機關寬列預算補償之。前二項營利所得，應提撥一定比例納入原住民族綜合發展基金，作為回饋或補償經

費。前三項有關原住民族土地或部落及其周邊一定範圍內之公有土地之劃設、諮商及取得原住民族或部落之同意或參與方式、受限制所生損失之補償辦法，由中央原住民族主管機關另定之。

本條第 1 項之立法理由為：為維護原住民族對於自然資源及其他經濟事業的權益，以及合理規劃國土、區域或城鄉等計劃性事項，以保障原住民族之自主性及權益；為尊重原住民傳統智慧及知識財產權，以降低外界對原住民文化和社會之傷害，及讓原住民族公平分享利益；原住民地區多位於政府列為限制利用及禁止開發之區域，如國家公園、國家級風景特定區、水資源用地或保護區、森林用地等，剝奪原住民傳統生計經濟活動進行，及自然資源之利用，影響原住民族生存權益至鉅，故以本項做為原住民族與政府建立「共管機制」之法源基礎。

第 2 項之理由為：基於原住民族地區的土地及自然資源係為原住民族所有，因此政府或法令限制原住民的開發利用原住民族之土地及自然資源時，應與原住民族諮商並徵得其同意。

依據本條第 4 項之授權，原住民族委員會於 106 年 2 月 18 日訂定之「原住民族土地或部落範圍土地劃設辦法」第 3 條，定義原住民族傳統領域土地係指經依本辦法所定程序劃定之原住民族傳統祭儀、祖靈聖地、部落及其獵區與墾耕或其他依原住民族文化、傳統習慣等特徵可得確定其

範圍之公有土地。部落範圍土地係指本法第二十一條所稱之部落及其周邊一定範圍內之公有土地經中央主管機關核定之部落範圍並依本辦法所定程序劃定毗鄰部落之生活領域範圍。

本法第 22 條規定：政府於原住民族地區劃設國家公園、國家級風景特定區、林業區、生態保育區、遊樂區及其他資源治理機關時，應徵得當地原住民族同意，並與原住民族建立共同管理機制；其辦法，由中央目的事業主管機關會同中央原住民族主管機關定之。其主要之立法理由為前文所提到的「原住民族與臺灣政府新的夥伴關係」第 6 點：「恢復傳統自然資源之使用，促進民族自主發展。」及其說明：「在國家需用原住民族領域土地時，如國家公園、水資源用地、森林用地等，應建立原住民族與國家共同經營管理的合作模式，以尊重該部落或民族的自主地位。」

共管機制乃目前美、加先進國家在國家公園及風景區所發展之先進管理制度，此一制度融合當地原住民傳統文化及傳統智慧，多元文化及生物多樣性之概念，達到保育與文化雙贏之目標。第 22 條立法理由指出，共管內容包括：管理階層人員進用一定比例之當地原住民；由當地居民提供決策之諮詢；管理方式融入當地特有文化內涵；週邊部落公共建設、產業發展須與國家公園等建設，同步發展。

10.3.1 水土保持法的立法宗旨及基本概念

水土保持法係本於憲法第 15 條，人民的生存權應予保障而定。其立法宗旨在於規範水土保持法適用範圍，應實施水土保持之處理與維護，以保育水土資源，涵養水源，減免災害，促進土地合理利用，增進國民福祉。﹝第 1 條第 1 項﹞

本法第 1 條第 2 項之規定：「水土保持，依本法之規定，本法未規定者，適用其他法律之規定。」，由此觀之，就立法體例而言，水土保持法為山坡地保育利用條例、森林法等有關水土保持部分之特別法。

本法對於山坡地之定義為：國有林事業區、試驗用林地、保安林地，及經中央或直轄市主管機關參照自然形勢、行政區域或保育、利用之需要，就標高在一百公尺以上者或標高未滿一百公尺，而其平均坡度在百分之五以上者，劃定範圍，報請行政院核定公告之公、私有土地。﹝第 3 條第 3 款﹞此與山坡地保育利用條第 3 條對山坡地之定義兩歧，應特別注意。

水土保持處理與維護之內容係指應用工程、農藝或植生方法，以保育水土資源、維護自然生態景觀及防治沖蝕、崩塌、地滑、土石流等災害之措施。﹝第 3 條第 1 款﹞為實施水土保持處理與維護所定計畫，稱為水土保持計畫。﹝第 3 條第 2 款﹞在中央主管機關指定規模以上者，應由依法登記執業之水土保持技師、土木工程技師、水利工程技師、大地工程技師等相關專業技師或聘有上列專業技師之技術顧問機構規劃、設計及監造。﹝第 6 條﹞如涉及農藝或植生方法、措施之工程金額達總計畫之百分之三十以上者，主管機關應要求承辦技師交由具有該特殊專業技術之水土保持技師負責簽證。﹝第 6 條之 1﹞

10.3.2 水土保持義務人

公、私有土地之經營或使用，依本法應實施水土保持處理與維護者，該土地之經營人、使用人或所有人，為本法所稱之水土保持義務人﹝本法第 4 條﹞。國有林地之承租人為經營人，也是使用人，即為水土保持義務人。國、公有林區內水土保持之處理與維護，由森林經營管理機關策劃實施；私有林區內水土保持之處理與維護，由當地森林主管機關輔導其水土保持義務人實施之。﹝第 11 條﹞

上開條文所稱土地之經營人、使用人，雖未明定僅限合法之土地經營人、使用人，然如果對該土地並無合法之經營權或使用權，就該土地自無實施水土保持處理與維護之義務，亦無從擬具水土保持計畫送請主管機關核定。所以，上開規定之水土保持義務人，除土地所有人外，

應僅限「合法之土地經營人、使用人」而不及於「非法經營使用土地之人」。從而，水土保持義務人即指「有權使用山坡地之人」，如為開發或經營山坡地，違反本法第 12 條至第 14 條之規定，致生水土流失或毀損水土保持之處理與維護設施者，為行政不法，應依本法第 33 條第 3 項前段規定處行政罰。﹝詳後述﹞；如為無權使用山坡地之人，卻在公有或私人山坡地內未經同意擅自墾殖、占用或從事同法 8 條第 1 項第 2 款至第 5 款之開發、經營或使用，致生水土流失或毀損水土保持之處理與維護設施者，則應追究其刑事責任，依本法第 32 條第 1 項前段之規定處刑罰。﹝最高法院 100 年臺上字第 3147 號判決、98 年臺上字第 5818 號判決、97 年臺上字第 3782 號判決、88 年台非字第 278 號判決參照﹞

水土保持處理與維護，依法定有水土保持義務人，但對於重大之開發案件，國家之監督責任亦屬必要，對於興建水庫、開發社區或其他重大工程水土保持之處理與維護，中央或直轄市主管機關於必要時，得指定有關之目的事業主管機關、公營事業機構或公法人監督管理之。﹝第 5 條﹞如果是在國家公園範圍內之土地，則水土保持義務人應擬具水土保持計畫，送請主管機關會同國家公園管理機關核定，並由主管機關會同國家公園管理機關監督水土保持義務人實施及維護。﹝第 14 條﹞

由上開規定，可以確定水土保持任務為公益性之公共任務，是憲法基本國策之

要求。人民與國家，均負有一定的責任。其履行方式，立法者有其形成自由。水土保持法基於公益之必要，課以對私有土地有一定事實管理支配關係之人，具有財產權的社會義務而為水土保持義務人，負有「狀態責任」﹝按：狀態責任，係指物之所有人或對物有事實管領力之人，基於對物之支配力，就物之狀態所產生之危害，負有防止或排除危害之「自己責任」；與自然人或法人等因為其作為或不作為，導致危害社會秩序或公共安全，而受國家制裁之「行政責任」，二者有所不同﹞。然並不是沒有界限。國家仍有為維護其領土之健全，並基於保護義務，保護人民之自由權利及安全之職責，承擔水土保持之義務，而有保障及監督責任，不能置身度外﹝周元浙 2009﹞。

10.3.3 其他與森林經營有關之事項

10.3.3.1 必須實施水土保持處理與維護的事項

凡集水區之治理；農、林、漁、牧之開發利用；探礦、採礦、採取土石或設置相關附屬設施；在山坡地森林區設置公園、遊憩用地或其他開挖整地；沙灘、沙丘地或風衝地帶之防風定砂及災害防護、都市計畫範圍內保護區之治理；其他因土地開發利用，為維護水土資源及其品質，或防治災害需實施之水土保持處理與維護等事項之「治理或經營、使用行為」，應經調查規劃，依中央主管

機關訂定之「水土保持技術規範」實施水土保持之處理與維護。（第 8 條第 1 項）這是指一般的水土保持處理與維護。如有需要採取更嚴格實施土地利用管制之地區，應劃為特定水土保持區。如水庫集水區；主要河川上游之集水區須特別保護者；海岸、湖泊沿岸、水道兩岸須特別保護者；沙丘地、沙灘等風蝕嚴重者；山坡地坡度陡峭，具危害公共安全之虞者；其他對水土保育有嚴重影響者。以加強水土資源保育。（第 16 條第 1 項）

必須注意的是，凡在山坡地或森林區從事農、林、漁、牧地之開發利用所需之修築農路或整坡作業；探礦、採礦、鑿井、採取土石或設置有關附屬設施；設置公園、墳墓、遊憩用地、運動場或其他開挖整地，水土保持義務人應先擬具水土保持計畫，送請主管機關核定，如屬依法應進行環境影響評估者，並應檢附環境影響評估審查結果一併送核。（第 12 條第 1 項）

如果水土保持義務人未依水土保持技術規範實施水土保持之處理與維護，或未先擬具水土保持計畫或未依核定計畫實施水土保持之處理與維護且經未在規定期限內改正或實施仍不合水土保持技術規範者，處新台幣六萬元以上三十萬元以下罰鍰。經繼續限期改正而不改正者或實施仍不合水土保持技術規範者，按

次分別處罰，至改正為止，並令其停工，得沒入其設施及所使用之機具，強制拆除及清除其工作物，所需費用，由經營人、使用人或所有人負擔。如果未先擬具水土保持計畫或未依核定計畫實施水土保持之處理與維護，致生水土流失或毀損水土保持之處理與維護設施者，處六月以上五年以下有期徒刑，得併科新臺幣六十萬元以下罰金；因而致人於死者，處三年以上十年以下有期徒刑，得併科新臺幣八十萬元以下罰金；致重傷者，處一年以上七年以下有期徒刑，得併科新臺幣六十萬元以下罰金。（第 33 條）

10.3.3.2 第 32 條之相關事項說明

本法 32 條規定：「在公有或私人山坡地或國、公有林區或他人私有林區內未經同意擅自墾殖、占用或從事第八條第一項第二款至第五款之開發、經營或使用，致生水土流失或毀損水土保持之處理與維護設施者，處六月以上五年以下有期徒刑，得併科新臺幣六十萬元以下罰金。但其情節輕微，顯可憫恕者，得減輕或免除其刑。前項情形致釀成災害者，加重其刑至二分之一；因而致人於死者，處五年以上十二年以下有期徒刑，得併科新臺幣一百萬元以下罰金；致重傷者，處三年以上十年以下有期徒刑，得併科

新臺幣八十萬元以下罰金。因過失犯第一項之罪致釀成災害者，處一年以下有期徒刑，得併科新臺幣六十萬元以下罰金。第一項未遂犯罰之。犯本條之罪者，其墾殖物、工作物、施工材料及所使用之機具，不問屬於犯罪行為人與否，沒收之。」本條之重點如下：

一、本條為山坡地保育利用條例第34條、森林法第51條及刑法第320條第2項之特別規定

森林法第51條、山坡地保育利用條例第34條及水土保持法第32條等規定，就「於他人森林或林地內」、「在公有或他人山坡地內」、「在公有或私人山坡地或國、公有林區或他人私有林區內」，擅自墾殖、占用者，均設有刑罰罰則。考其立法意旨，均在為保育森林資源，維持森林植被自然原貌，維護森林資源永續利用，及確保水源涵養和水土保持等目的，其所保護之法益均為自然資源林木及水源之永續經營利用，為「單一社會法益」；就擅自占用他人土地而言，復與刑法第320條第2項之竊佔罪要件相當。進一步論之，各該刑罰條文所保護者既為內涵相同之單一社會法益，則一行為而該當於森林法、水土保持法及刑法竊佔罪等相關刑罰罰則，此即為法規競合現象，因此，僅構成單純一罪，並應依法規競合吸收關係之法理，擇一適用水土保持法第32條規定論處（最高法院96年臺上字第1498號判決及臺灣高等法院86年上訴字431號判決參照）。

基此，如果某甲竊佔國有林地，則因國有林地雖非山坡地保育利用條例第3條定義的山坡地，卻為水土保持法第3條第3款所定義的山坡地，亦為第32條所指之「國有林區」，應適用水土保持法第32條論處。

二、犯本條之行為為繼續犯非即成犯

森林法第51條為竊佔罪之規定，竊佔行為完成時，犯罪行為即已完成，嗣後之竊佔狀態，屬於「犯罪狀態」之繼續，並非「犯罪行為」之繼續，惟水土保持法之立法宗旨，重在水土保持之處理及維護，本條要維護的是，避免發生公共危險之「公共法益」，因此，在國、公、私有山坡地或林區擅自墾殖、占用，即使含竊佔之性質，其竊佔罪因係即成犯，致此部分如果因時效完成，追訴權已經罹於時效，但犯罪行為人仍不能因而取得擅自使用該山坡地或林區之權源，而得擅自墾殖、占用及經營。換言之，遭竊佔之土地，仍屬國、公、私有山坡地或林區，於竊佔後之繼續墾殖、占用、經營行為，仍應受水土保持法之拘束。本法第32條第1項之「未經同意擅自墾殖、開發公有或私有山坡地罪」為繼續犯，倘其墾殖、占用、開發、經營、使用之行為在繼續實行中，即屬行為之繼續，其犯罪需繼續至其行為終了時始完結，與竊佔罪之為即成犯，於其竊佔行為完成時犯罪即成立，此後之繼續占用乃犯罪狀態之繼續之情形不同。（最高法院106年臺上字第1606號判決參照。）

如某甲竊佔國有林地種植農作物或蓋建築物，為即成犯，當該林地在某甲實力支配下，犯罪行為即已完成，之後之占用，為犯罪狀態的繼續，而非犯罪行為之繼續，經過 20 年之追訴權時效，森林法第 51 條之刑罰不能發動了，但行為人仍在繼續墾殖、占用國有林地，而國有林地也是水土保持法適用範圍，此時，即可依本條以「繼續犯」予以追訴刑責。

三、犯本條之行為為實害犯

以行為人在公有或私人山坡地或國、公有林區或他人私有林區內，無正當權源而擅自墾殖、占用、開發、經營或使用，即符合該罪之構成要件。而所謂「致生水土流失或毀損水土保持之處理與維護設施」，依文義解釋，係指已經造成水土流失或毀損水土保持之處理與維護設施之結果者而言，故該罪應屬「實害犯」或「結果犯」，而非「抽象危險犯」或「具體危險犯」，自以發生水土流失或毀損水土保持之處理與維護設施之結果為必要。如已著手實行上開犯行，而尚未發生水土流失或毀損水土保持之處理與維護設施之結果者，應屬同條第 4 項未遂犯處罰之範疇。〔最高法院 106 年臺上字 3211 號判決參照〕

茲進一步說明，稱實害犯，指的是構成要件所要求之行為類型，必須造成法益的實際損害，作為「犯罪完全成罪」的條件，所以，從行為的結果觀察，實害犯必然是結果犯。至於危險犯區分為「抽象的危險犯」與「具體的危險犯」二種，其分別在於法條有無「致生公共危險」這幾個字，例如，森林法第 53 條就是「抽象危險犯」之規定，危險與否，不是構成要件要素；刑法第 185 條之 3 酒駕之規定亦同，喝了酒駕車，縱使沒有危險（如深夜在空無一人的恒春港口一帶保安林砂地開車），也成立犯罪。但刑法第 175 條規定就不同了，規定放火燒燬（前二條以外之）他人所有物，要「致生公共危險」，才成立犯罪，這就是「具體危險犯」的範疇。

本條第 1 項所稱「致生水土流失」，係指水資源、土資源之流失而言，水資源之流失乃因山坡地開發所導致之「逕流水流失」現象；土資源之流失，則專指特定範圍內之「土壤流失」情形與數量。判斷有無致生水土流失之結果，學理上係依據水土保持技術規範第 35 條之通用土壤流失公式予以認定，而影響土壤流失之因子，包括降雨、土壤、坡度、坡長、覆蓋、管理及水土保持處理等；實務上，雖得以「水土保持法施行細則」第 35 條第 1 項第 1 款至第 7 款情形之一者，作為認定「致生水土流失」之參考標準，惟仍需依實際狀況，具體認定，非可一概而論。〔最高法院 105 年臺上字第 2120 號判決、101 年臺上字第 2424 號判決、99 年臺上字第 3423 號判決及行政院農業委員會 93 年 5 月 5 日農授水保字第 0932809413 號函參照〕

四、本條第 5 項是刑法第 38 條之 2 的特別規定

考量山坡地因其自然條件特殊，不適當之開發行為易導致災害發生，甚至造成不可逆之損害。為減少違規行為人僥倖心理，避免所使用的犯罪工具因不是犯罪行為人所有而無法沒收，致使犯罪成本降低，而無法達到嚇阻之目的。105 年 11 月將第 5 項修正為：犯本條之罪者，其墾殖物、工作物、施工材料及所使用之機具，不問屬於犯罪行為人與否，沒收之。以為刑法第 38 條第 2 項之特別規定。

10.4 國土計畫法

10.4.1 立法宗旨及體例

國土計畫法的立法宗旨，在於因應氣候變遷，確保國土安全，保育自然環境與人文資產，促進資源與產業合理配置，強化國土整合管理機制，並復育環境敏感與國土破壞地區，追求國家永續發展。(第 1 條)

本法制定以前，國土治理分為三類：都市土地由都市計畫法、非都市土地由區域計畫法、國家公園則由國家公園法管制，未來所有土地都會納入本法之下統籌計畫，本法將成上位法。全國土地劃為 12 種分區，依據不同分區進行管制。

本法在直轄市、縣 (市) 主管機關公告國土功能分區圖之日起，取代區域計畫法。(第 45 條第 2 項)

本法沿襲區域計畫法及都市計畫法之體例，除國土分區外，亦作分級管制，並設定諸多變更管制之機制，以符合「彈性管理」之實務需求 (林明鏘 2017)。

10.4.2 國土計畫的架構

國土計畫的種類分為二類，第一為「全國國土計畫」：係指以全國國土為範圍，所訂定目標性、政策性及整體性之國土計畫，內政部已於 107 年 4 月 30 日公告。第二類為直轄市、縣 (市) 國土計畫：指以直轄市、縣 (市) 行政轄區及其海域管轄範圍，所訂定實質發展及管制之國土計畫。

直轄市、縣 (市) 國土計畫，應遵循全國國土計畫。更應注意的是，國家公園計畫、都市計畫及各目的事業主管機關擬訂之部門計畫，(如國有林事業區經營管理計畫) 應遵循國土計畫。(第 8 條第 3 項、第 4 項)

「全國國土計畫」是空間綜合計畫系統的最上位計畫，從全國的尺度，整體考量生活上需要的糧食、產業、居住、交通等，訂出國土規劃的目標與原則。「全國國土計畫」完成後，各地方政府再依

據「全國國土計畫」的規範與指導，考量地方的發展與保育需求，定出「縣市國土計畫」。例如，全國糧食生產需求多少？需要多少農地？各縣市在擬定地方國土計畫時就必須評估、劃出最基本的「農業地區」；也須評估未來人口趨勢，需要多少居住區域，作為城鄉地區劃設的基礎。劃定後不得任意以擴大都市計畫的方式變更。

10.4.3 國土功能分區及其分類劃設原則

國土計畫基於保育利用及管理之需要，依土地資源特性，劃分國土功能分區，分為國土保育地區、海洋資源地區、農業發展地區及城鄉發展地區。(第 3 條第 7 款)

各國土功能分區及其分類之劃設原則如下：(第 20 條)

一、國土保育地區

依據天然資源、自然生態或景觀、災害及其防治設施分布情形加以劃設，並按環境敏感程度，分為第一類：具豐富資源、重要生態、珍貴景觀或易致災條件，其環境敏感程度較高之地區；第二類：具豐富資源、重要生態、珍貴景觀或易致災條件，其環境敏感程度較低之地區；以及其他必要之分類。

二、海洋資源地區

依據內水與領海之現況及未來發展需要，就海洋資源保育利用、原住民族傳統使用、特殊用途及其他使用等加以劃設，並按用海需求，分為：使用性質具排他性之地區、使用性質具相容性之地區及其他必要之分類等三類。

三、農業發展地區

依據農業生產環境、維持糧食安全功能及曾經投資建設重大農業改良設施之情形加以劃設，並按農地生產資源條件，分為：具優良農業生產環境、維持糧食安全功能或曾經投資建設重大農業改良設施之地區；具良好農業生產環境、糧食生產功能，為促進農業發展多元化之地區；其他必要之分類等三類。

四、城鄉發展地區

依據都市化程度及發展需求加以劃設，並按發展程度分為：都市化程度較高，其住宅或產業活動高度集中之地區；都市化程度較低，其住宅或產業活動具有一定規模以上之地區；其他必要之分類等三類。

10.4.4 國土功能分區及其分類使用原則 (第 21 條)

一、國土保育地區

第一類應維護自然環境狀態，並禁止或限制其他使用；第二類儘量維護自然環境狀態，允許有條件使用；其他必要之分類則按環境資源特性給予不同程度之使用管制。

二、海洋資源地區

第一類供維護海域公共安全及公共福祉，或符合海域管理之有條件排他性使用，並禁止或限制其他使用；第二類供海域公共通行或公共水域使用之相容使用；其他尚未規劃或使用者，按海洋資源條件，給予不同程度之使用管制。

三、農業發展地區

第一類供農業生產及其必要之產銷設施使用，並禁止或限制其他使用；第二類供農業生產及其產業價值鏈發展所需設施使用，並依其產業特性給予不同程度之使用管制、禁止或限制其他使用；其他必要之分類：按農業資源條件給予不同程度之使用管制。

四、城鄉發展地區

第一類供較高強度之居住、產業或其他城鄉發展活動使用；第二類供較低強度之居住、產業或其他城鄉發展活動使用；其他必要之分類：按城鄉發展情形給予不同程度之使用管制。

10.4.5 國土使用之許可制度

本法在國土使用上，與區域計畫之規定，完全不同。在符合第 21 條國土功能分區及其分類之使用原則下，從事中央主管機關所定認定標準之一定規模以上或性質特殊之土地使用者，應由申請人檢具相關之書圖文件申請使用許可。使用許可不得變更國土功能分區、分類。填海造地案件限於城鄉發展地區，並符合海岸及海域之規劃。(第 24 條第 1 項、第 2 項)。所稱「使用許可」，與現制區域計畫法規定之「開發許可」，最主要差異之處，在於申請使用許可案件應「符合國土功能分區及其分類之使用原則」，亦即不得因使用需求，任意變更國土功能分區，以提高計畫穩定性及投資明確性。最重要的是，訂定了使用許可審議過程中，公民參與的周詳程序，讓許可案之核定更具公信力。(第 25 條)

10.4.6 國土復育促進地區之劃定及復育

基於臺灣地質、地理環境特殊，且近年氣候變遷急劇，災害頻仍，國土復育為治理上重要課題。各目的事業主管機關得就土石流高潛勢地區、嚴重山崩、地滑地區、嚴重地層下陷地區、流域有生態環境劣化或安全之虞地區、生態環境已嚴重破壞退化地區及其心地質敏感或對國土保育有嚴重影響之地區等，劃定為國土復育促進地區。國土復育促進地區經劃定者，應以保育和禁止開發行為及設施之設置為原則，並由劃定機關擬訂復育計畫，報請中央目的事業主管機關核定後實施。如涉及原住民族土地，劃定機關應邀請原住民族部落參與計畫之擬定、執行與管理。前復育計畫，每五年應通盤檢討一次，並得視需要，隨時報請行政院核准變更。(第 35 條、第 36 條)

10.5 海岸管理法

10.5.1 立法宗旨

臺灣的海岸，存有下列問題：海岸地區生態環境因土地多元利用未加管制而遭破壞，必須大力遏止；因應氣候變遷及環境劣化，海岸地區保安林應積極復育，營造海上長城；海岸地區不當的開發行為，造成動植物生態環境及景觀之破壞，亟需導正。

海岸地區屬環境敏感地區，為維護自然海岸，促進海岸地區之永續發展，其土地利用，需兼顧資源培育、環境保護、災害防護之和諧與海岸地區各種自然及人文資源之保護，始能追求海岸地區之永續發展。是以本法之立法宗旨為：為維繫自然系統、確保自然海岸零損失、因應氣候變遷、防治海岸災害與環境破壞、保護與復育海岸資源、推動海岸整合管理，並促進海岸地區之永續發展。(第1條)

10.5.2 海岸地區的定義

海岸地區係指中央主管機關即內政部，依環境特性、生態完整性及管理需要，劃定公告之陸地、水體、海床及底土；必要時，得以坐標點連接劃設直線之海域界線。在濱海陸地，平均高潮線至第一條省道、濱海道路或山脊線之陸域為界；在近岸海域：以平均高潮線往海洋延伸至三十公尺等深線，或平均高潮線向海三浬涵蓋之海域，取其距離較長者

為界，並不超過領海範圍之海域與其海床及底土；在離島濱海陸地及近岸海域，於不超過領海範圍內，得視其環境特性及實際管理需要劃定。(第2條第1款)

10.5.3 海岸地區之規劃及管理原則

海岸地區之規劃，為海岸管理之重要基礎工作。本法規定海岸地區之規劃管理原則，舉其與自然資源有關者如下：優先保護自然海岸，並維繫海岸之自然動態平衡；保護海岸自然與文化資產，保全海岸景觀與視域，並規劃功能調和之土地使用；保育珊瑚礁、藻礁、海草床、河口、潟湖、沙洲、沙丘、沙灘、泥灘、崖岸、岬頭、紅樹林、海岸林等及其他敏感地區，維護其棲地與環境完整性，並規範人為活動，以兼顧生態保育及維護海岸地形；因應氣候變遷與海岸災害風險，易致災害之海岸地區應採退縮建築或調適其土地使用；保存原住民族傳統智慧，保護濱海陸地傳統聚落紋理、文化遺址及慶典儀式等活動空間，以永續利用資源與保存人文資產；建立海岸規劃決策之民眾參與制度，以提升海岸保護管理績效。(第7條)

10.5.4 整體海岸管理計畫

海岸地區兼具海、陸域生態體系特性，除具高經濟生產力外，並因受海流、潮汐及波浪等作用力影響，具高度敏感性，一經破壞即易產生環境災害，威脅人民

生命財產安全,故為確保海岸地區土地之永續利用,達成最大之土地總利用效益,本法規定中央主管機關應擬訂整體性海岸管理計畫,透過海岸地區分區之管理方式,有效指導、規範海岸土地之利用方向,以兼顧海岸地區土地保護、防護及利用。(第8條序文)海岸整體管理計畫之要項應考量海岸地區土地使用複雜性及相互影響性,參酌歐盟「海岸綜合管理」(Integrated Coastal Zone Management, ICZM)計畫之整合指導精神及對氣候變遷調適、自然災害、水土流失、海岸侵蝕、資源保護與恢復、自然資源利用、基礎設施發展、產業發展(如農業、漁業、觀光遊憩、工業等)、沿海地景維護、海島管理等事項之重視,以及英國海岸規劃對於自然遺產海岸(Heritage Coasts)之歷史、文化價值及景觀風貌等關注,於整體海岸管理計畫中建立海岸整體利用之基本原則。此外,行政院核定之「永續海岸整體發展方案」,包括漁港、海岸公路、海堤、觀光遊憩、海埔地及海岸保安林等事項之

發展策略及執行準則;「永續發展政策綱領」及「國家氣候變遷調適政策綱領」對海岸地區皆具指導性作用。整體海岸管理計畫」應包含「氣候變遷調適策略」及「整體海岸保護、防護及永續利用之議題、原則與對策」,作為海岸地區各政府部門及其計畫實施之上位指導。(第8條第1款至第5款)

10.5.5 海岸保護地區之劃設及管理原則

海岸地區具有自然界或人文環境中具稀少特性之資源,該等資源具維持人類生態體系平衡及提供環境教育或國民休閒育樂之功能,應依其資源之自然性、代表性及稀有性等因子評估其高、中、低等級,再據以立法保護。

海岸地區如屬:重要水產資源保護地區、重要水產資源保育地區、珍貴稀有動植物重要棲地及生態廊道、特殊景觀資源及休憩地區、重要濱海陸地或水下文化資產地區、特殊自然地形地貌地區、生

物多樣性資源豐富地區、地下水補注區、經依法劃設之國際級及國家級重要濕地及其他重要之海岸生態系統及其他依法律規定應予保護之重要地區等，應劃設為一級海岸保護區，其餘有保護必要之地區，得劃設為二級海岸保護區，並應依整體海岸管理計畫分別訂定海岸保護計畫加以保護管理。（第 12 條第 1 項）

海岸保護區係以計畫管制使用，依個別計畫之保護標的及目的加以管制。為妥善維護海岸區內各項資源，需嚴格管制具極珍貴自然資源一級海岸保護區，禁止改變其資源條件之使用。惟考量保護標的與社經環境背景相容性之趨勢，以及國防、海巡、公共安全等需要，如依海岸保護計畫為相容、維護、管理及學術研究之使用者，或為國家安全、公共安全需要，經中央主管機關許可者，則例外許可使用。（第 12 條第 2 項）

一級海岸保護區內原合法使用不合海岸保護計畫者，直轄市、縣（市）主管機關得限期令其變更使用或遷移，其所受之損失，應予適當之補償。在直轄市、縣（市）主管機關令其變更使用、遷移前，得為原來之合法使用或改為妨礙目的較輕之使用。（第 12 條第 3 項）

內政部於 106 年 2 月 6 日依據本法第 9 條第 1 項公告實施行政院核定之「整體海岸管理計畫」，於第一階段將下列地區劃為海岸保護區並訂定經營管理之原則：依文化資產保存法第 81 條指定公告之自然保留區，依第 86 條規定，禁止改變或破壞其原有狀態；依森林法第 22 條、第 23 條編入之保安林，依森林法第 24 條規定以社會公益為目的，並依保安林經營準則經營；國有林事業區及試驗用林地，依國有林事業區經營計畫妥為管理經營；依野生動物保育法第 8 條第 4 項公告之野生動物重要棲息環境及依第 10 條第 1 項劃定之野生動物保護區，依各該保育計畫經營管理。

10.6.1 濕地的效用及國際公約

濕地具有以下的效用：淨化水體、調節微氣候及維護生態多樣性的生態效用；提供豐富的動植物產品、提供能源、作為水運要道（如尼加拉瓜太平洋濱海紅樹林內的運河）的經濟效用；促進生態旅遊、具有文明起源的歷史價值、成為重要環境教育及科學研究領域的社會效用。

1971 年，各國為了保護濕地，在伊朗拉姆薩簽署了全球性政府間保護公約，全稱為「特別針對水禽棲地之國際重要濕地公約」(Convention of Wetlands of International Importance Especially as Waterfowl Habitats)，簡稱拉姆薩公約 (Ramsar Convention，以下簡稱公約)，以通過國家行動和國際合作，保護與合理利用濕地為其宗旨。公約第 1 條規定，本約所謂之濕地，係指沼澤、沼泥地、泥煤地或水域等地區；不管其為天然或人為、永久或暫時、死水或活流、淡水或海水、或兩者混合、以 及海水淹沒地區，其水深在低潮時不超過 6 公尺者。

締約國的法律義務，包括合理利用義務、指定濕地的保護義務及國際合作義務。

10.6.2 本法的重要內容

本法的立法宗旨在於：為確保濕地天然滯洪等功能，維護生物多樣性，促進濕地生態保育及明智利用。(第 1 條)

本法對濕地的定義，參酌公約第 1 條第 1 款之規定，定為：指天然或人為、永久或暫時、靜止或流動、淡水或鹹水或半鹹水之沼澤、潟湖、泥煤地、潮間帶、水域等區域，包括水深在最低低潮時不超過六公尺之海域。(第 4 條第 1 款)

參酌 公約精神，強調明智利用 (Wise Use)，在濕地生態承載範圍內，以兼容並蓄方式使用濕地資源，維持質及量於穩定狀態下，對其生物資源、水資源與土地予以適時、適地、適量、適性之永續利用。(第 4 條第 4 款)

重要濕地指的是：具有生態多樣性、重要物種保育、水土保持、水資源涵養、水產資源繁育、防洪、滯洪、文化資產、景觀美質、科學研究及環境教育等重要價值之濕地，並參酌公約第 2 條至第 4 條的精神，明定重要濕地的評選標應考量考量該濕地之生物多樣性、自然性、代表性、特殊性及規劃合理性和土地所有權人意願等，確認該濕地為：國際遷移性物種棲息及保育之重要環境；其他珍稀、瀕危及特需保育生物集中分布地區；魚類及其他生物之重要繁殖地、覓食地、遷徙路徑及其他重要棲息地；具生物多樣性、生態功能及科學研究等價值；具重要水土保持、水資源涵養、防洪及滯洪等功能；具自然遺產、歷史文化、民俗傳統、景觀美質、環境教育、

觀光遊憩資源，對當地、國家或國際社會有價值或有潛在價值之區域；生態功能豐富之人工濕地及其他經中央主管機關指定者。再據以評定分為國際級、國家級、地方級三級。〔第 8 條〕

重要濕地進行功能分區實施分區管制。核心保育區以保護濕地重要生態，容許生態保護及研究使用為限；生態復育區以復育遭受破壞區域，容許生態復育及研究使用為限；環境教育區旨在推動濕地環境教育，供環境展示解說使用及設置必要設施；管理服務區為供濕地管理相關使用及設置必要設施；其他分區則供符合明智利用原則之使用。至於保育、復育、限制或禁止行為、維護管理之規定或措施，則明定於「保育利用計畫」內。〔第 15 條、第 16 條〕但重要濕地範圍內之土地得為農業、漁業、鹽業及建物等從來之現況使用。〔第 21 條第 1 項〕

「濕地淨減少量為零」為國際上肯認的重要理念，也是公約的重要精神，本法「楬櫫濕地零淨損失」的原則，即濕地資源之開發使用，經過適當地減輕或生態補償等復育措施得到恢復，使濕地「面積」、「生態功能」最終達到無淨損失之目標。〔第 4 條第 8 款、第 5 條〕

本法參酌公約第 4 條規定，建置迴避、減輕衝擊、及生態補償機制。各級政府經諮詢中央主管機關，認有破壞、降低重要濕地環境或生態功能之虞之開發或利用行為者，應請開發利用者擬具濕地影響書，優先迴避重要濕地；迴避確有困難，應優先採行衝擊減輕措施或替代方案；衝擊減輕措施或替代方案皆已考量仍有困難，無法減輕衝擊，始准予實施異地補償措施；異地補償仍有困難者，始准予實施其他方式之生態補償。異地補償應於原土地開始開發或利用前達成主管機關訂定之生態復育基準，但經主管機關評估，無法於原土地開始開發或利用前達成生態復育基準者，得以提高異地補償面積比率或生態補償功能基準代之。異地補償面積在 0.2 公頃以下者，得以申請繳納代金方式，由主管機關納入濕地基金並專款專用統籌集中興建功能完整〔第 27 條第 1 項、第 2 項〕

進行異地補償之土地，應考量生物棲地多樣性、棲地連結性、生態效益、水資源關聯性、鄰近土地使用相容性、土地使用趨勢及其他因素，其區位選擇原則為：位於或鄰近開發與利用行為之地區；位於或鄰近與開發或利用行為地區同一水系或海域內之濕地生態系統；或於其他可能補償整體濕地生態系統之位置之濕地。〔第 28 條〕

10.7　練習題

① 請說明非都市土地使用管制規則之位階及編定各種使用地之結果所發生的效力。

② 請說明原住民族基本法的地位及性質。

③ 請說明原住民族基本法與森林法、野生動物保育法之關係及適用原則。

④ 請說明森林法第 51 條與水土保持法第 32 條之關係。

⑤ 國土計畫法如何規定國土功能分區及其分類劃設原則爲何？

⑥ 海岸保護地區之劃設及管理原則爲何？

⑦ 重要濕地之定義爲何？如何進行功能分區及實施分區管制？

📖 延伸閱讀 / 參考書目

🌲 李桃生 黃鏡諺 (2014) 論森林法第五十一條與水土保持法第三十二條之法規競合問題。臺灣林業 40(4): 71-78。

🌲 林明鏘 (2017) 評國土計畫法。臺灣月旦法學雜誌 263: 95-109。

🌲 周元浙 (2009) 國家之水土保持義務。軍法專刊 55(6): 1-30。

🌲 湯文章 (2016) 基本法的地位有沒有高於個別法律？ 東方報 2016/12/6 法官專欄。

🌲 溫豐文 (2004) 土地法。217-257 頁。

🌲 詹順貴 (2013) 聯合國濕地保護的臺灣最新立法回應。新世紀臺灣智庫論壇第 63 期。

🌲 蔡秀卿 (2007) 基本法之意義與課題 - 收錄於當代公法理論 (中)。

🌲 蔡達智 (2006) 水土保持法之規範原則管制程序及其行為。臺灣科技法律與政策論叢，5-26 頁。

3

林業行政管理

單元說明

一、本單元僅有二章,分別為第十一章林業行政管理之效率與效能、第十二章林業行政管理組織。

二、前述二大單元之林業政策原理及自然資源法規,最終必須在現實的林業行政管理中體現與執行。第十一章講述行政管理的原理、行政效率與效能及當前林業行政管理上之重要議題;第十二章則敘述當前中央及地方縣市政府之林業行政管理組織及業務,以及瞭解世界主要國家林業行政管理組織。

11.1　行政管理原理

在社會科學中，行政管理學（Public Administration）或譯為公共行政，其發展較遲。行政乃政府機關所管理之事務，行政管理室國家統治權裡所發生作用之一種，依法律規定在其權限內執行事務的行為。在狹義上，行政乃限於行政機關的一切活動，而在廣義上舉凡政府的一切措施行為皆得稱之為行政。而行政管理乃完成政府機關政策上目標，行政管理內涵乃為技巧的或有系統地執行計畫方案，亦即與公共政策之制定、執行息息相關（湯絢章，1984）。

行政管理的目標因行政管理理論的發展而改變。行政管理的理論由傳統的科學管理發展為人性的，再由人性的發展朝向系統權變的。因而行政管理的目標，包含了工作成果與工作效率、兼顧員工滿足與措施保持彈性的四個次目標（傅蕭良，1983）。

首先，工作成果強調各機關的任務與目標，須透過行政管理達成，不管是任務的執行或目標達成，都需要獲得成果，如不當行政行為、不符行政程序、或者人事、財務、事務管理未能配合、組織不健全等，均屬於行政管理的缺失，也就是行政管理未達到目標。其次，對工

作具有效率，指得是機關的任務與目標，不僅要獲得成果，在執行的過程中，尚需要有高的效率，如有效的行政行為，行政程序簡明，組織健全，人力獲得充分的運用，經費及財務做到最有效的分配等。第三，對員工能給予滿足，員工個人的需要與願望，包括物質與精神生活方面。當員工的需要與願望獲得適度的滿足與實現，員工才能對機關提供更多的投入與貢獻。最後為對措施須保持彈性的次目標，行政管理必須適應機關內外的環境，而環境是多變的，環境的變化不但會對行政發生影響，而且行政管理措施亦須作適度的調整，以其行政管理措施與經過變化的環境之間，能保持著動態的平衡。這種因環境的變更而調整行政管理措施的需要性，當社會越進步、科技越發展、環境變化的頻率與速度越快時，調整的需求性越大。

從行政管理的時間發展，可依其特性的不同，可大概區分為三個階段，每一階段有其背景與特性。

一、傳統的行政管理

從科學管理運動隨而興起，建立科學處事方法，訂定標準考核績效。訂定管理程序及原則，以為管理依據。降低成本、增加產量、提高素質，以增進效率。設計理想型的官僚組織模式，使組織有法治依據，編制採定額，任務憑職掌，辦事依規定。

其中科學管理學派主要的學者包括泰勒 (Frederick Taylor)、甘特 (Henry Gannt)、愛默森 (Harrington Emerson)。其中 Taylor (1911) 提出科學管理的 4 項原則，包括

❶ 對員工的每一單元的工作內容，研究用科學的方法處理，以代替原有僅憑臆測或摸索的方法。

❷ 應用科學的方法遴選員工及進行訓練與教導。

❸ 員工之間應誠心的合作，以保證所有的工作都是依照所發出的科學原則處理。

❹ 管理者與員工間，應同等的分工與分責，比較適合管理者處理的工作應由管理者負責處理。

在 Gannt(1917) 創立工作獎金制度 (task and bonus system) 中，員工的每天工資應予保障，如員工能完成該天所分配的工作，即可獲得獎金。其認為工作的保障是有利的激勵因素，也是養成員工勤奮與合作習慣的條件。同時 Gannt 發明以管制圖 (即所謂的甘特圖) 來控制工作進度，以橫軸代表時間，表明工作的名稱與完成工作的時間，縱軸代表員工及機器，說明分配至該種工作的員工與機器名稱。此種管制圖的結構非常簡單，但卻提供了有效的規劃與管制的技術，其對管理甚有貢獻。

同時，Emerson 所提的效率原則深受當時各界重視，其效率原則包括以下 12 點：

❶ 明確的信念：管理當局須制定目標，使組織內的每一員工都能熟悉這些信念。

❷ 豐富的常識；管理者需要運用豐富的常識堅定信念，考慮未來的問題，才能做通盤的考量並尋求良好的意見。

❸ 合適的商議：管理者須隨時隨地尋求合適的意見，在集體的基礎上，從每一人處獲得最好的意見，即可能做到合適的商議。

❹ 紀律：嚴格遵守規律。

❺ 公正的處理：意旨需要具備管理的三種本質，即同情、想像力及最重要的合理性。

❻ 可靠的、直接的、適當的即永久的紀錄：各種紀錄是明智決策的基礎。

❼ 派遣：管理當局須規定有效的生產進度及管制的技術。

❽ 標準與日程：需有處理工作的方法與日程，可經由動作與時間研究及建立工作標準，

與規定每一工作者在工作上的位置來完成。

⑨ 規定標準化的條件：條件的標準化可節省心力與經費的浪費。

⑩ 規定標準化的作業。

⑪ 規定標準實務指導。

⑫ 對效率的獎勵。

而另一學派為程序管理學派，主要的提倡學者包括費堯 (Henri Fayol) 以及葛力克 (Luther Gulick) 等。其中 Fayol 將管理工作歸納為 6 個部分：

❶ 技術性的作業，包括生產與製造。

❷ 商務性的作業，包括購置、銷售與交換。

❸ 財務性的作業，包括籌集與管制資金。

❹ 安全作業，包括保護產品與人員。

❺ 會計作業，包括存貨紀錄、資產負債平衡、成本計算與統計。

❻ 行政性作業，包括計畫、組織、指揮、協調與管制。

另外，Fayol 提出分析組織的原則應包括以下 5 項：目標 (objective)、專業化 (specialization)、協調 (coordination)、權威 (authority) 以及職責 (responsibility)。同時更進一步訂定 14 項管理原則包括：

❶ 分工 (division of work)：分工辦事。

❷ 權威與責任 (authority and responsibility)：權利與責任相當。

❸ 紀律 (discipline)：服從與尊重。

❹ 指揮 (unity of command)：命令與統一。

❺ 管理一致 (unit of management)：同一管理者負責朝向同一的目標。

❻ 群益 (subordination of individual interest to general interest)：個人的利益應受制於共同的利益。

❼ 酬勞 (remuneration of personal)：薪資合理。

❽ 權宜 (centralization and decentralization)：集權與分權依個別狀況而定。

❾ 層級 (hierarchy)：層層節制、上下溝通。

❿ 秩序 (order)：守法守分，各安其位。

⑪ 公平 (equity)：公正客觀。

⑫ 安定 (stability of tenure of personal)：人事安定。

⑬ 進取 (initiative)：自動自發，獲取新知。

⑭ 合作 (esprit de corps)：團隊精神。眾多學者對於公共行政原則，有許多不同的看法與見解，但基本上相似性則非常高。

而 Gulick 提出的行政管理計畫 (POSDCORB) 論點，認為行政管理計畫須包括以下 7 個部分：

❶ 規劃 (planning)：所有的行政管理計畫都需有事先的嚴謹規劃，以確保工作的完成。

❷ 組織 (organizing)：將需要處理的各種活動予以歸納，將相同的業務歸納組合成一個職位，相近的職位歸納成一個單位，相同的單位在歸納成一個部門，如此可構成一完整的組織。

❸ 人事 (staffing)：包括需用人員的遴選、派用、訓練、可和、薪資等各種人事工作。

❹ 指揮 (directing)：權責的分配、指揮系統的建立以及一切命令與服從關係的確立。

❺ 協調 (coordinating)：上下層級間與同一層級各單位間的工作聯繫與協調溝通等活動。

❻ 報告 (reporting)：工作成果的紀錄、分析、研究、審查、評估與報告等活動。

❼ 預算 (budgeting)：預算的編製、會計及審計等。

二、人性的行政管理

人性的行政管理重視管理者與員工間人際關係的和諧。研究員工的動機與行為、需要與願望。一方面採取激勵措施以激發員工的工作行為，一方面協助員工，使其需要與願望獲得適度的滿足與實現。人性的行政管理也重視員相互間的關係，以增加員工對組織的向心力，降低員工對管理的阻力。因此，特別注重管理中"人"的因素，認為人類在實現其目標而結成團體一起工作時，彼此間也應該相互了解。

有關人性的研究學派甚多，包括了人群關係學派，其中倡導學者如孟斯伯格 (Hugo Munsterberg) 的科學管理與心理連結論、巴納德 (Chester Barnard) 的權力理論、馬格里柯 (Douglas McGregor) 的 Y 理論。

其中 Barnard(1938) 將社會學的觀念應用到管理工作，重要論點有

❶ 主管人員的功能：建立與維持意見溝通系統，增進組織人力的運用，同時訂定組織的目標。

❷ 權威接受理論：認為主管的權威命令權依賴於屬下的接受與否。主管隊部接受權威的屬下固然可以施以制裁，但此並不保證屬下即會接受命令。要使屬下職員完全接受命令，應具四個條件：受命者確已了解、合於組織的目標、不違背受命者的利益、受命者有能力加以執行。而 McGregor(1960) 提出每一位管理者，均有其處理員工的哲學，大致上可將此種哲學區分為兩類，一為 X 理論的假設，可列在管理連續縣的一端；另一為 Y 理論的假設，則可列在另一端。

其 Y 理論主要論點為：

❶ 人是願意工作的：工作對心力的耗費，其情形與休閒娛樂相同，一般人並非天生就討厭工作。由於工作環境的不同，工作可以為樂趣的來源，工作也可能是痛苦的來源。

❷ 鼓勵重於懲罰：外力的管制和懲罰的威脅，並非就是唯一能促使達組織目標的方法，人們也會自制自律去達成所肩負的任務。

❸ 報酬並不限於物質：人們對達成組織目標中任務的成就，也屬一種自我滿足和自我實現的報酬，此種報酬可促使人們為達成組織目標而努力。

❹ 人會自動尋求職責。

❺ 人多有想像力。

❻ 發揮人的潛能：在現代生活的環境裡，一般人所具有的潛在能力並未充分利用。因此，如何去發揮人們的潛能，要比網羅人才更為重要。

另外還有激勵動機學派，包括李維特（Harold Leavitt）的行為模式說、馬斯洛（Abraham Maslow）的需求層次理論等。其中 Leavitt 解析人的行為模式，提出了三個基本假定：

❶ 人的行為是有原因的，就像外力作用於物體，使物體運動的物理現象一樣。根據此一概念，人的遺傳、環境因素等，均可能為原因，會對行為產生影響。

❷ 人的行為是有動機的，受推力、需求或驅力而表現出的行為，其中推力、需求或驅力即為推動行為的動機。

❸ 人的行為是有目標的，人的行為不但有其原因與動機，而且還有目標，也就是人的行為是受著目標的指引，故人的行為是有所作為的。而進一步解析行為模式，首先對基本模式而言，三個假定構成一封閉的循環圈，人的行為經達到目標後，原因就會消失，原因不存在時動機就會消失，因而行為就隨而停止。其次對目標的解析，人有許多目標，有生理目標或心理目標。生理目標的數量有限，且易於滿足，而心理目標不但數量較多，且不易滿足。一個已有成就的人，心理不一定感到滿足，且心理目標似乎會瞬息萬變且沒有止境，因而一般人追求心理目標的原因與動機，也就不易消失。最後，人有共同性也有差異性，人的行為均有其原因、動機與目標，固可視為共同性。但人也有差異性的一面，如接受不同的刺激，動機的種類與強度的不同，以不同的方式表現出行為，追求不同目標等，均屬於個別差異的證明。因行為模式雖可適用至各種情況不同的人，但在此模式中，人的行為的原因、動機、行為、目標還是各不相同的。

Maslow 的需求層次理論則是認為人是有需要的動物，人之所以表現出行為，其目的在追求當時某種需要的滿足。當某種需要已獲得適度滿足時，則對該種需要不會再熱心地去追求，此時又會產生另一種需求，因而又會表現出行為去追求此另一種需求的滿足。個人由於背景的不同，當然需要也會不完全相同。一

般而言，多數人有下列五種不同層次的需求：生理的需求、安定的需求、社交的需求、受到尊敬的需求以及自我實現的需求。

三、系統權變的行政管理

認為行政管理是屬於組織系統的一部分，而組織又是屬於環境系統的一部分。環境是多變的，環境系統中任一部分的變動，均會對組織發生影響。同樣的，組織也是同樣在變動，組織系統中任何一個部分的變動，均會對行政管理發生影響。因此行政管理須作經常得調整以求適應。另外，行政管理必須與當時的國情相配合，故行政管理制度不能硬性直接套用或移植。且每一問題均含有若干影響因素，因素不同與因素變化程度的不等，均會影響問題的內涵，因而解決問題時必須考慮構成問題的因素與因素的變化程度，而後尋找解決問題的最有效方法。又因為因素相同的問題不多，而因素相同且變化程度也相等的問題則更少，因此解決問題的方法不能相同，而要有所權變運用。

因傳統與人性的行政管理理論皆有所偏，乃產生了系統權變的行政管理理論。權變的理論係因生態理論而來，而生態理論又根源於系統理論。因此，首先理解系統的意義，所謂的系統是只有規律化交互作用或相互依賴關係的若干事物（或稱為部分或因素），為達成共同目標所構成的整體。然而構成此一整體之若干事物，每一事物又自成一個系統（可稱之為次級系統），每一事物同樣是由具有關聯化的交互作用或相互依賴關係的若干次級事物，為達成共同目標所成的次級整體，故本系統係由各次級系統所構成。再者，本系統也不是孤立的，它又與其他具有規律化的交互作用或相互依賴關係的同層次事物，為達成共同目標構成一範圍更大的系統（可稱之為上級系統），故本系統與其他同層次系統又成為上級系統的各個部分或因素。若此，本系統之內有次級系統，本系統上有上級系統；甚至次級系統之內又有更次級的系統，上級系統之外又有更上級系統，此種層層的交互作用與相互依賴的關係，就稱為系統理論（傅蕭良，1983）。

在系統理論裡著名的有赫爾（Richard Hall）的環境系統說，其指出環境是組織界限之外的各種事物，為了思考的便利，可將環境分為文化、工藝技術、教育、政治、法制、自然資源、人口、社會、經濟等一般環境；以及顧客、供應者、競爭者、社會與政治以及技術等特定環境。另外帕森斯（Parsons）提出組織系統理論，認為任何一種組織，其本身就是一個社會系統，在此社會系統之內又包括了許多的小系統。

而在生態理論部分，其意義本是研究各種生物相互間及其環境間的關係之學。沒有一種生物是可以孤立的，在某些方面，他須依賴其他生物或無生物才能得以生存。研究生態學可以增進對世界及

其所有的造物的了解。生態學者研究的範圍包括能源、食物及營養的活動以及生態的變化。以生態學解析組織者，先有高斯 (John Gaus)，之後有雷格斯 (Fred Riggs) 等。Gaus(1947) 認為政府組織與行政行為必須考慮到生態環境的因素。Riggs 提出行政生態學，設計一套能解析各種類型社會的行政模式，包括了鎔合的、稜柱的、繞射的模式 (Fused-Prismatic-Diffracted Model)。其研究是以社會的專業分工即在不同專業分工情況下的行政現象為重點。

權變理論是隨系統與生態理論而來，因系統及生態構成多變，而權變則是在適應多變。權變只得是解決問題的方法，會隨問題及情況的不同而異，其基本觀念是問題常由若干因素構成，因此要解決問題必須盡可能考慮所有的影響因素，故處理問題時也應特別慎重。然而因素的變化涉及問題的變化，任一因素之變化可影響到問題的內涵，且任一因素的變化也將會影響解決問題的方法。因此不同的問題應用不同的解決方法。權變理論提倡的學者包括盧生 (Fred Luthens) 等的權變管理理論架構、吉勃生 (James Gibson) 等的權變組織設計、謝恩 (E. Schein) 的組織人與管理措施說等。

Luthens 所主張的權變管理理論，主要為管理方策需權變運用，目的在於求得更有效的達成組目標。其基本架構為假如要產生某種環境，則運用某種管理方策，以達成組織目標。所以權變管理理論架構的三個主要成分，就是環境、管理以及環境與

管理間的關係，其可用 M=f(E) 公式表示。其中 M 為管理變數 (依變數)，極為適應環境情勢需要，所採取的管理方策。管理的範圍廣泛，包括行政行為、行政程序、組織管理、人事管理、財務管理、事務管理等。而 E 則為環境變數 (自變數)，又可分為外在環境 (包括政治、文化、教育、社會、經濟、顧客、生產者、競爭者等) 與內在環境 (包括組織結構、所用技術、員工心理、組織目標與價值等)。外在環境均屬於組織之外，管理上難以直接控制，故為自變數；內在環境均屬於組織內部，管理上可加以適度控制。

Gibson 在其著作中，曾提出組織設計須考慮到組織本身所採用的生產技術及當時的環境因素，而後再提出權變的組織設計的模式。其中組織型態與採用的生產技術有密切關係，如組織內部單位的區分、層次的設置、管制幅度的大小及人力結構等，均可能因採用技術的不同而異。而環境對組織會涉及到領導方式、協調方法及組織型態等。因此，權變設計組織的基本觀念人為組織與一個較大環境中四個次級環境之間互間，具有依賴或影響的功能。組織從外界環境獲得輸入，經由運用知識與技術程序，再向外界環境輸出。一個富有設計組織責任者，在設計組織時，應考慮有效的組織結構設計，要以官僚組織型態或彈性組織型態，對整個組織或各單位較為有效的觀點來考慮。且須了解輸出、輸入、技術與知識四個次環境的情況，進一步分析四個次級環境間的關係，更需決

定何種次級環境具有支配的力量。對每一次級環境的變動率、穩定性、回饋所需期間，應加以衡量，因為這些條件是組織結構與權力分配的重要變數。組織內各單位的組織結構，應根據環境情況，在定型的與不定型的連續中，選定與環境相適應的組織型態。最後，設計組織內各單位的組織結構時，需設計統合協調的技術，及究竟應以規章；計畫、或相互意見溝方式來統合協調，需視各單位的情況而定。凡變動愈大單位愈需意見溝通方式，愈穩定的單位愈宜用規章或計畫方式。

而在 Schein 的組織人與管理措施說中，討論到組織可將員工分為唯利人、社會人、自動人以及複雜人，因而在管理上，依照員工特性因應而生出不同的管理策略。對於惟利人來說，管理策略包括以金錢來收買員工的效力與服從，並以權力體系來管制員工。在管理步驟上，應先制定計畫，在設計人與事配合的組織，而後採取激勵措施，最後並加以控制。當士氣低落生產裡降低時，應立即將人與事重組，以分紅或獎金來提高生產力，對工作不利者予以懲罰。而對社會人的管理策略，除重視員工對工作的完成度，也要同時重視員工的需求、內心的感覺。重視員工間的各種小團體，並應以團體誘因為重，管理者不再只是計畫、組織、激發與控制，而須是上級與下屬間的橋樑。管理者的權利並非用以管人，而是用以確定各單位工作目標，而後再讓各單位自由發展。使員工在工作中獲得需求的滿足。對於自動人的管理策略包括使員工感到工作有意義及具有挑戰性，並以工作來滿足自尊，員工的動機是出之於自己的內心，不是靠組織去激發。只交代員工應做什麼而不交代如何做，且員工對組織的投入是志願的，並會自動去達成組織目標。最後對於複雜人的管理策略包括，管理者需能了解員工能力與動機的差異，並面對差異解決問題。管理者需有極大的彈性，使自己的行為能隨時做必要的改變與調整；對不同動機與需求的員工，能用不同的方式來對待跟處理。管理者需十分民主，但對某些員工又能拿出鐵腕處理，進一步管理者的高度彈性，可適應各種不同的權力體系與人際關係。

11.2.1 行政機關與行政管理

行政機關工作效率的好壞影響民眾對政府的觀感，若行政效率低落，則民眾對政府的滿意度將會下降，此將造成政府對民眾取得資源的不利影響，而政府之各種運作均須依賴取得資源來完成任務運作。

組織之運作與外界會發生兩種交換，第一種交換是由外界取得資源，如人力、經費、設備、工作方法與資訊等。以政府來說，最重要的就是徵兵與稅收。由組織外之環境取得資源，經由組織運作，完成組織體存在之基本任務。而第二種交換即為完成任務後提供服務與一般大眾，以政府的角色而言，就是提供公共服務的任務，如國防、教育等。這兩種交換必須非常有效率，否則將會遭受到批評，進而影響到再去得資源就會產生困難﹝張潤書，1992﹞。以行政體系來說，因為部分資源取得是來自公權力，即使提供的服務不為民眾所認同，仍可依公權力繼續取得資源，但其可能造成行政效率低落。長期的行政效率低落，其結果必將付出政治及社會代價，因此如何透過行政管理來提供行政效率與效能，便成為一個重要的課題。

11.2.2 行政組織管理與績效

各機關的任務與目標，不但要獲得成果，且在遂行任務與達成目標的過程中，更需具有高的效率。如行政行為有效，行政程序簡明，組織健全，人力獲得充分的運用，經費及財務做到最有效的分配，以期以最少的人力、經費、時間、物料，產出最多的工作數量、最好的工作品質、以及最大的工作績效。

因此組織運作要講求效率，效率就是投入﹝input﹞與產出﹝output﹞的關係，也就是要以最少的投入得到比較多的產出。但以另一方面來說，僅是效率提高，還不足夠，因為在一個龐大的組織體裡面，各單位分別有不同職掌，彼此間應該是分工合作，每一個單位有不同的績效指標，而績效指標中有些可能會發生牴觸，如經濟與財政兩部就難免有一些衝突，以財政來說當然希望多收一些稅，但以經濟部來說則希望稅低一點才能夠獎勵投資，進而促進經濟發展。由此可見，故部門的效率指標並不一致。各組織運作必須進一步追求整體目標之達成，這就所謂的效能。換言之，組織運作必須同時追求效率與效能﹝張潤書，1992﹞。

在行政過程中，政府機關應與企業一樣，要有成本與價格的概念。由於政府所能取得的資源並非無限，而另一方面機關存在與否並不是取決於顧客的多寡。所以如果沒有成本與價格概念，將可能導致政府預算無限制膨脹，拖垮財政。

行政組織有兩個基本要考慮的重要議題：

❶ 如何在有效利用資源的基礎上實現目標？

❷ 如何提高參與者的福利，並使之成為行政組織內的風氣？因此衡量組織績效的三個指標，及效能、效率和參與者滿足感，其關係為：

組織績效 = 效率 + 效能 + 參與者滿足感

效率（efficiency）總是與效能標準相輔，效率是指花費的資源與所產生的效果之間的關係，也就是投入（input）與產出（output）的比例。資源的各項花費應當帶來相應的正面結果，也就是說要提高效率，一方面可透過減少投入，或者另一方面擴大產出。

作為有效組織的尺度之一，效能（effectiveness）可以定義為組織實現他的目標與目的的能力。行政組織要有效能，首先就是目標確立，對目標的明確理解，並廣泛讓組織的成員明瞭，因為不論對目標設立過程的參與程度如何，組織的所有成員都必須知道目標是什麼。

效能具體可以用生產率來表示。生產率是單位投入到產出的轉化過程的效率。生產率可以從三個方面提高：技術、管理技巧與人們的努力。

效率屬於短期測度標準，而效能則是長期測度標準。組織可能是有效能，但不一定是有效率。且效率的有無應該在短期內量度，長期無效率是不可能的。因為組織可以實現他的目標，但以收入上的淨損失為代價；然而即使組織在目標的實現上是成功的，但在長期的效益淨損失的情況下運行，組織是不可能一直運作下去。

一般而言，講求效能的前提是講求效率。但是對於效率必須小心的加以確定，否則將會引導到只注重有效性而以犧牲效率為代價的錯誤道路上。總而言之，效能與效率二者是必須同時考慮的因素。

參與者的滿足感，主要從工作品質上去衡量。工作生活品質，廣義上認為應改變整個組織的文化，使工作人性化、組織個人化以及從根本上改變組織結構和管理系統（苗秀傑，2004）。在對於生活品質進行廣泛調查和一系列研究的結果

顯示，工作生活品質是看待人、工作和組織的一種方式，其具體內容包括：

❶ 與對組織的有效性一樣，關心工作帶給人的壓力。

❷ 在組織解決問題和做出決策時，讓員工參與的觀念。現在有的工作生活品質並沒有滿足許多人的渴望，反過來他們開始對工作約閱歷感到很不滿意。這不完全是由於環境不佳所造成，而是由於人們的期望提高了，更確切的說，是人們期望得到一種更好的生存條件和一份好薪資的工作。

然而，基本上效率和工作品質不是互相排斥的，行政主管管理的關鍵問題是設計一個既保持高水準的效能，又同時滿足員工對工作生活品質的期望的組織系統。效能高就帶來良好的工作生活品質，或者工作生活品質好，效能就提高了。由此可以推斷，效能與提高生活工作品質可能是互相矛盾的。另一方面，有理由相信能同時實現這兩個目標。這個觀點的基礎是工作滿意（工作生活品質的主要因素）會提高組織績效。同時效能、效率和參與者滿足感也是行政主管績效評價的重要指標。

11.2.3 行政效率與效能的提升

一、　管理的升級：

管理科技的轉移、時效的爭取、素質的提高、管理科學的採行、現代化管理的研究與設計。

二、邏輯思考的訓練：

運用導向及創造思維、運用腦力激盪法、排除心理障礙如習慣定向、功能執著等。

三、資訊 e 化的執行：

大數據的時代來臨，運用電腦技術，將所有資訊電子化，將有效管理大量數據，同時亦可從數據中了解趨勢與特性，並進一步提出更是適切的管理措施。

11.3　重要林業行政管理議題

林業行政為經由森林管理系統以執行林業行政的一種業務，也屬於公共行政的一種。凡適用於公共行政的理論與原則，也適用於林業行政。此外，林業機構既需統一之領導，業務上亦應充分協調，下級對上級據實以報，為維持業務之推行，也需適當之預算等，與一般行政機構沒有差別。但林業機構之性質，因其工作計畫，機關組織及人員需求也有不同之處，最終仍有別於一般行政機構。因此在林業行政上仍有以下幾個特性，不變原則、專業機構與專業人員、分權之行政及統一的組織 (焦國模，2005)。

在不變原則中，因著林業特性中的重要性、長期性、軟弱性都需要不變的原則來支持。特別是森林是國家的重要資源，其所具備的效用中，不論是保安效用、

經濟效用與副效用，對人類生活都有著重要的影響。要維持這些效用，需要堅定的政策支持。而所謂堅定的政策即不能隨意更動，並要使這些效用一直發揮功用。同時，林業屬於長期性的事業，在經過漫長的生長期間，不論社會、經濟或者人的觀念，均會有所變化，因此在業務管理中，同樣亦需要永續與不變的經營管理。而林業相對其他產業如工業、服務業而言，屬於弱勢產業，但其占地廣大，不免會遭他人覬覦；且收穫期常，資金流動緩慢，私人企業難以永續維持經營等都使林業處於弱勢的。然而，其在國土保安的效用，與環境維護與保育，又占有不可取代的地位，因此亟需強力支持。

在專業機構與專門人員方面，因為影響林業經營的因子，有技術性因子（如育林、森林經營、木材利用、集水區整治等），與非技術性因子（管理機構、運作體制、林業政策、法律規範等社會科學）。若要林業經營順利與成功，兩者缺一不可，因此林業行政工作既為一種技術性的行政工作，亦屬於行政性的技術工作。

在分權行政與統一組織中，為使行政工作推動方便，機關的組織、結構既應分工又需統一。分工的目的在於工作性質與工作人員的專長不同，在有分工的情況下，將更易達成組織目標；而統一的目的在於要消除因分工所形成的各階層、各部門間的孤離狀態。臺灣森林分布占總面積 60.7%，因各地理環境與氣候條件不同，森林種類及其經營的方法等，自然無法相同。因而林業行政系統，勢必採取分散制（decentralization），且應將垂直、平行各階層所擔負的責任與享有之權利分別明訂，使其有效運用。另外，森林多位處偏遠之地，交通不便，因此一定權利及技術性的職責，宜交付與當地居民直接接觸的基層人員負責，使其便於行事。一方面增加基層人員的責任心，另一方面將有利於當地業務的推展。

林業行政的所尋求的目標，乃在厚植森林資源，加強生產服務。由於地域遼闊，業務多樣，因此在目前組織上，是以林務局統一領導，並設分支機構。然而進行中的組織再造，將現行林務局業務分割為林木生產與森林保育業務，分屬於未來的農業部與環境資源部，此兩部門目標與屬性不同，經營方式必定會有所不同，對於未來森林經營的步調將會產生重大影響，需要更進一步的觀察與深刻探討。

11.4 練習題

① 從行政管理的時間發展，可依其特性的不同區分出那些階段？並請試述每一階段之背景與特性。

② 行政機關與其組織管理，可以透過觀察那些指標來瞭解工作績效？請申論。

③ 請試舉您認爲當前重要的林業行政管理議題。

📖 延伸閱讀／參考書目

🌲 苗秀傑 (2004) 行政管理。台北：讀品文化事業有限公司。

🌲 焦國模 (2005) 林業政策與林業行政。臺北：洪葉文化。

🌲 湯絢章 (1984) 行政管理學。臺北：國立編譯館。

🌲 張潤書 (1992) 現代行政管理演講選輯。國立政治大學公共行政及企業管理教育中心。

🌲 傅肅良 (1983) 行政管理學。臺北：三民書局。

🌲 Cubbage, F. W., J. O´Laughlin, and C. S. Bullock (1993) Forest Resource Policy. New York: Wiley & Sons.

🌲 Wilson, W. (1887) The study of administration. Political Science Quarterly 2(2): 197-222.

第三單元　林業行政管理

林業行政管理組織

撰寫人：顏添明　審查人：黃裕星

本章主要在探討中央政府及地方政府之林業行政管理組織及業務。森林為林地和群生竹木之集合體，也是林業推行之基礎，《森林法》第二條：「本法所稱主管機關：在中央為行政院農業委員會；在直轄市為直轄市政府；在縣（市）為縣（市）政府。」本章先探討農委會林務局之林業行政管理組織及業務，再探討直轄市、縣（市）政府之林務主管單位及業務，最後介紹世界林業先進國家之行政管理組織，讓大家能瞭解國內外之林業行政管理組織

12.1　中央機關林業行政管理組織及業務

12.1.1 林業行政管理組織的沿革

林業行政管理組織負責林業的行政管理工作，由於林業政策會隨著時代的變遷而有所改變，因此林業行政管理組織的架構也會隨時代而有所調整。日據時期在臺灣的林業政策係以開採森林資源為主要的目標，因此設置之林業機構為殖產局，負責林政及林產業務（焦國模，2000；2005；姚鶴年，1994；2011）。臺灣光復後的林業，主要仍以木材生產為主要目標，尤其在 1949 年國民政府遷臺後，仰賴木材出口賺取外匯，用以培養工商業，因此林業在當時被視為國家命脈，肩負臺灣經濟發展的使命，而林務工作主要是以事業機構的編制進行規劃。

臺灣最主要的林業機構（林務局）依功能劃分，可區分為兩個重要時期，其一為事業機構時期，其二為公務機關時期。

前者將林業視為生產事業，主要從事木材生產獲利，採用事業預算體制；而後者則將林業視為多元的生態服務，不侷限於林木生產，採用公務預算體制（臺灣省林務局，1997；焦國模，2000；2005；姚鶴年，1994；2011）。根據臺灣省林務局誌（1997）將林務局在事業機構時期分為三個階段：「林務局」、「林產管理局」、「事業機構之林務局」。有關此三階段之林業機構行政組織及特性整理如表 12-1。

1945-1947 年為林務局事業機構之第一個階段，當時的時空背景為戰後百廢待興，雖在日據時代已有行政管理組織，但新政府接收臺灣後需要重新加以整頓、調節，以符合未來的施政。再者，由於日本據臺期間伐木過量，亟需進行造林，因此，此一時期林業的重要任務為整頓

表 12-1 不同時期之林業行政組織

年代	名稱	行政組織	特性
1945-1947	林務局	隸屬臺灣省政府農林處。 本局設置林政、經理、林產、營林、總務等業務課；並負責管轄各山林管理所〔10所〕及林場〔模範林場及伐木林場〕等。	整頓機構、規劃林業組織架構
1947-1960	林產管理局	隸屬臺灣省政府農林處。 將原先之「林務局」更名為「林產管理局」，此期間的組織波動性較高，歷經林政與林產多次合治與分治，4個示範林場劃歸不同機關管理。	林政與林產之雙軌並行制
1960-1989	事業機構之林務局	隸屬臺灣省政府農林廳。 將原先之「林產管理局」更名為「林務局」，本局設置林政、森林經理、造林、林產、工務及供銷等業務組；並分別設置13個林區管理處，此外也設置農林航空測量隊。	林政與林產一元化
1989 以後	公務機關之林務局	1989年7月，林務局轉型為公務預算機關；1999年林務局改制隸屬於行政院農業委員會，2004年成立保育組承接原編制於農委會林業處保育科所辦理之自然保育業務，2018年成立阿里山林業鐵路及文化資產管理處。	歸屬中央部會

資料來源：臺灣省林務局〔1997〕；焦國模〔2000、2005〕；姚鶴年〔1994、2011〕。

機構、規劃林業組織架構，並且加強造林工作。由局本部之組織架構規劃可知，當時主要以林木生產為主要工作，林務工作涵蓋林業政策的規劃〔林政課〕、造林工作〔營林課〕、森林經營業務〔經理課〕、林產處分業務〔林產課〕。在林務局本部成立後，開始規劃接收附屬之林務機構，主要可分為三大類：〔一〕山林管理所：共計10所，辦理造林森林經理、林產處分、森林保護等相關工作，此山林管理所猶如目前之林區管理處；〔二〕模範林場：為林業學術試驗林場，為日據時期日本之大學〔如東京帝國大學、九州帝國大學、北海道帝國大學〕在臺灣所設之演習林，共計4個模範林場，這些林場和目前具有森林學系之大學所設置之大學實驗林的性質相若，如臺灣大學實驗林及中興大學實驗林；〔三〕直營伐木林場：主要從事木材生產，接收成立林場後移交林務局林產管理委員會

〔臺灣省林務局，1997；焦國模，2000、2005；姚鶴年，1994、2011〕。

1947-1960 年為林務局事業機構之第二個階段，此期間將「林務局」更名為「林產管理局」，初期〔1947 年〕實施林政與林產分治的方式，改制後之林產管理局下轄 6 個專營木材生產及造林業務的林場，原林務局之林政、林產及經理等 3 組，移至農林處之林務科，並管轄 10 個山林管理所及 4 個示範林場。由於林政和林產分治在當時造成很多爭議，更名後之隔年〔1948 年〕乃將農林處管理之業務返還林產管理局，又恢復林政一元化。其後國民政府由中國大陸撤退來臺灣，當時的時局混亂，政府為配合縣市之行政及警務工作，將 10 個山林管理所整併為 7 個，分別隸屬 7 個縣政府管轄，但此舉不論在政策推行上或權責劃分上皆遭遇許多困難，其後復將此 7 個山林管理所再度劃歸林產管理局，恢復林政一元化。值得一提的是 4 個示範林場，也在此時期定位，第 1 至 4 示範林場分別劃歸國立臺灣大學、林業試驗所、臺灣省立農學院〔現今之國立中興大學〕及臺北山林管理所〔臺灣省林務局，1997；焦國模，2000、2005；姚鶴年，1994、2011〕。

1960-1989 年為林務局事業機構之第三個階段，隸屬臺灣省政府農林廳，為林務局在事業機構中時間最久的階段，將原先之林產管理局更名為「林務局」，下設置林政、森林經理、造林、林產、工務及供應〔後正名為供銷〕等業務組，並於不同區域分別設置 13 個林區管理處；此外也包括農林航空測量隊〔所〕〔臺灣省林務局，1997；焦國模，2005；姚鶴年，2011〕。在此階段林業也從木材生產逐步轉型為生態保育，政府因應時勢所趨於 1975 年倡導林業政策三原則，強調林業經營應以國土保安之長遠利益為主要目標，不宜以開發森林為財源〔焦國模，2005〕。其後年伐木量呈現遞減的趨勢，由於政策的改變，也讓林務局轉型為公務機關。

1989 年以後，林務局進入了一個嶄新的時代，仍隸屬臺灣省農林廳，但由事業機構的體制轉型為公務機關的體制，在此同時不但進行人事及組織的精簡，在施政上也由伐木轉為保育。有關林務局於事業機構與公務機關改制前後組織架構之比較，詳如表 12-2 所列〔參考自臺灣省林務局，1997；焦國模，2000；2005；姚鶴年，1994；2011〕。

組織	事業機構	公務機關
業務組	森林經理組、林政組、造林組、林產組、供應〔銷〕組、工務組	森林企劃組、林政管理組、集水區治理組、造林生產組、森林育樂組、保育組 [1]
林區管理處	文山、竹東、大甲、埔里、巒大、玉山、楠濃、恆春、關山、玉里、木瓜、蘭陽、大雪山等 13 個林區管理處，下轄 72 個工作站	羅東、新竹、東勢、南投、嘉義、屏東、臺東、花蓮等 8 個林區管理處，下轄 34 個工作站
其它所轄機關	大雪山林業公司與示範林區管理處 農林航空測量隊〔所〕	農林航空測量所 阿里山林業鐵路及文化資產管理處 [2]

表 12-2 林務局在事業機構與公務機關改制前後組織架構之比較

註 1：2004 年改制中央後所新成立之組
註 2：2018 年新成立之機關

改制後在局本部的組織架構上，主要可分為 5 大業務組，包括：森林企劃組、林政管理組、集水區治理組、造林生產組、森林育樂組，分別掌理不同面向的林務工作。而林區管理處也由原來的 13 個歸併為 8 個；工作站則由原來之 72 個歸併為 34 個。林務局改制後的組織架構，自 1989 年後迄今變化不大。然而在 1997 年精省之前，林業在中央之主管機關為行政院農業委員會，下設林業處，林業處下轄森林科；但在實質上，管理全臺灣森林的單位為林務局，屬臺灣省政府農林廳所轄之三級機關，其所根據的法源為 2000 年之《森林法》第 12 條：「國有林由中央主管機關劃分林區管理經營之，必要時得委託省〔市〕主管機關管理經營，或劃分地區委由區內國有林面積較大之省主管機關管理經營」。

由於精省之前的思維，政府將臺灣視為中華民國的一個省，因此將臺灣的林業委由省主管機關管理經營；但在精省之後，林務工作由中央主管機關農委會林務局職掌，於 1999 年改制隸屬於行政院農業委員會，成為名符其實的中央機關，而農委會原編制林業處保育科所辦理之自然保育業務，也自 2004 年由林務局承接，在組織架構上新成立保育組，也成為林務局目前的內部組設。林務局在省政府農林廳時期，各組所轄的單位稱之為「課」，而歸屬於中央後，各組所轄的單位則改制為「科」，此外在改制為中央機關後，林務局人員之職等也明顯提升。

12.1.2 中央機關林業行政管理組織及職掌

目前中央林業行政管理職掌隸屬於行政院農業委員會林務局，其組織架構由共

可區分為三個層級，最上層為林務局本局之組織，第二層級為林區管理處，第三層級為工作站，有關此三層級之垂直結構，如圖 12-1 所示。

位，有關林務局所轄各業務組及機關所執掌之業務及其所轄之科，茲分述如下〔林務局，2018〕：

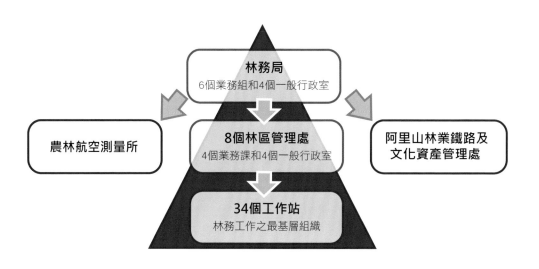

▲ 圖 12-1　林務局、林區管理處及工作站之隸屬關係

12.1.2.1 林務局局本部之業務職掌

林務局在組織編制上，設置局長 1 名、副局長 2 名、主任秘書 1 名；局本部編制 6 個業務組和 4 個一般行政室〔秘書室、主計室、人事室、政風室〕，各組〔室〕設置組長〔主任〕1 名，其下設各科，掌理不同的業務，在局下設置 8 個林區管理處、1 個農林航空測量所及 1 個阿里山林業鐵路及文化資產管理處，其中農林航空測量所及阿里山林業鐵路及文化資產管理處為與 8 個林區管理處平行之單

一、森林企劃組

森林企劃組下轄計畫、調查、資訊等三科。計畫科主要辦理業務包括：林業政策之綜合規劃、分析、評估，林業施政計畫〔林業中程及年度施政計畫〕、科技計畫之研擬訂定；調查科主要辦理業務包括：國有林事業區檢訂調查、國有林森林經營計畫規劃與推行、國有林地分級分區系統之建立；資訊科主要辦理業務包括：一般林務之資訊管理及森林地理資訊系統之建置與推動。

二、林政管理組

林政管理組下轄林地、保林、保安林、推廣等四科。林地科主要辦理業務包括：國有林班地之地籍管理、國有林出租造林業務、國有林出租造林地補償收回計畫；保林科主要辦理業務包括：國有林班地之盜伐、濫墾案件之處理、森林火災防救等森林保護工作，結合「社區林業」計畫，加強社區森林保護工作，漂流木案件之處理等；保安林科主要辦理業務包括：保安林檢訂、保安林經營管理、保安林之編入及解除等業務；推廣科主要辦理業務包括：林業相關宣導及推廣、發布林業相關新聞、「臺灣林業」刊物之編印、相關林業宣導影片之製作等。

三、集水區治理組

集水區治理組下轄治山、林道等二科。治山科主要辦理業務包括：國有林集水區治理復育、水土保持計畫審查、治山防災工程、河川流域治理、土砂管理、水庫集水區治理等工作；林道科主要辦理業務包括：林道之改善維護管理、森林遊樂區聯外道路之擬定及推動、林道邊坡穩定及植生綠美化工作。

四、造林生產組

造林生產組下轄造林、輔導、林產等三科。造林科主要辦理業務包括：國公有林及海岸造林、國有林之疏伐及撫育作業、崩塌地復育及離島造林、母樹林設置及採種等業務；輔導科主要辦理業務

包括：山坡地獎勵輔導造林計畫、平地造林計畫、各項獎勵造林及綠美化工作、公私有林經營輔導及造林貸款業務；林產科主要辦理業務包括：國有林產物處分業務、年度採伐計畫、林產品研究發展、天然災害之漂流木處理。

五、森林育樂組

森林育樂組下轄遊樂、服務、設施管理等三科。遊樂科主要辦理業務包括：規劃及設置國有林森林遊樂區、林業文化園區及平地森林園區、森林遊樂區計畫、自然步道規劃及步道志工之推動；服務科主要辦理業務包括：國家森林遊樂區、平地森林園區之推動與督導、自然教育中心營運發展、森林遊樂解說及環境教育之擬定與執行、國家森林志工管理、森林遊樂之宣傳等相關服務業務；設施管理科主要辦理業務包括：森林遊樂區、平地森林園區及自然步道等森林育樂設施工程及相關設施工程之管理。

六、保育組

保育組下轄野生物保育、棲地經營等二科。野生物保育科主要辦理業務包括：野生物保育相關法規、野生動物名錄訂定、野生動物救援工作、違反野生動物保育法之案件處理；棲地經營科主要辦理業務包括：各類自然保護區域之規劃及經營管理、生物多樣性保育業務之推動、社區林業計畫有關森林資源保育業務等。

12.1.2.2 林區管理處等四級機關業務職掌

林務局在臺灣不同地區劃分林區,設置林區管理處;林區管理處在組織編制上設置處長、副處長、秘書各1名。全臺灣共有8個林區管理處,其下設林政、治山、作業、育樂等4個業務課和4個一般行政室(秘書室、主計室、人事室、政風室)。各林區管理處的組織編制相同,各課(室)設置課長(主任)1名,掌理不同的業務。

林區管理處為實際管理國有林之中央四級機關,執行林務局所訂定的政策。另設有農林航空測量所與林鐵及文化資產管理處。農林航空測量所主要負責航空攝影工作及林區像片基本圖之製作。阿里山林業鐵路及文化資產管理處主要掌管阿里山林業鐵路沿線之相關設施設備及車站,以及嘉義市「檜意森活村」、阿里山林業村等相關業務。有關林區管理處各課之名稱和局本部各組業務之對應關係如圖12-2所示(林務局,2018;南投林區管理處,2018)。其中林政組對應林政課;集水區治理組對應治山課;森林企劃組與造林生產組對應作業課;森林育樂組與保育組對應育樂課。由各課的業務所對應林務局各組之關係可瞭解其職掌之業務。

12.1.2.3 工作站之業務職掌

每個林區管理處下設置4-5個工作站,全臺灣共有34個工作站。工作站在組織編制上設置主任1名;專業技術人員數名(技正、技士、技佐)掌理不同的業務;此外也包括森林巡護人員。以林務局南投林區管理處為例,下轄臺中、埔里、水里、丹大、竹山等5個工作站(南投林區管理處,2018)。工作站是最基層的林業行政組織單位,也是第一線執行林務工作的單位,因此所負責的工作相當多元,其對應林區管理處各課之業務見圖12-2。舉例而言,在林政業務方面,如森林的巡護工作、盜伐與濫墾之取締、森林火災之防救工作;在森林調查業務方面,如執行森林永久樣區之調查工作;在造林業務方面,如造林預計案的編擬及執行、疏伐木之調查;在林道業務方面,如林道系統之監測及施工之協助;在生態旅遊業務方面,如協助國家森林遊樂區相關業務及輔導當地社區民眾發展生態旅遊。

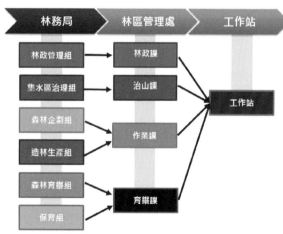

▲ 圖12-2　林務局各組與林區管理處各課之對應關係

12.1.2.4 其他中央政府之林業相關組織

中央政府所執掌和林業有關的業務除了林務局外，尚有原住民族委員會；農委會所轄之林業試驗所及特有生物研究保育中心；內政部營建署所轄之國家公園管理處、退除役官兵輔導委員會所轄之榮民森林保育事業管理處、教育部所轄之大學實驗林（臺灣大學實驗林管理處、中興大學實驗林管理處、各大學具有森林相關學系之實驗林場）等，這些單位也都執行林業有關業務。

12.2 直轄市政府及縣市政府之林務主管單位及業務

有關各縣市政府依目前之行政組織可區分為3類。第1類為直轄市政府，包括：臺北市、新北市、桃園市、臺中市、臺南市、高雄市等6個直轄市；第2類為縣政府，包括：宜蘭縣、新竹縣、苗栗縣、彰化縣、南投縣、雲林縣、嘉義縣、屏東縣、花蓮縣、臺東縣、澎湖縣等11個縣；第3類為市政府（與縣屬於同等級，精省前為省轄市，以下簡稱市政府），包括：基隆市、新竹市、嘉義市等3個市。有關各直轄市政府、縣（市）政府林務主管單位所屬之局（處）及其名稱，茲將其彙整如表12-3。

直轄市政府之林務主管單位，設置於農業局下（惟臺北市政府設置於工務局大地工程處下，與其他5個直轄市不同），而林務主管單位在名稱上也有所分歧，臺北市為「森林遊憩科」，新北市、桃園市為「林務科」，臺中市、臺南市則結合林務（或森林）與自然保育，分別為「林務自然保育科」及「森林及自然保育科」，而高雄市林務之主管單位則為「植物防疫及生態保育科」，林務工作在直轄市政府可細分至「科」的層級。

縣政府之林務主管單位，設置於農業處下（惟澎湖縣政府設置於農漁局下，與其他10縣不同），而林務主管單位在名稱上也不太一致，如「林務科」（苗栗縣、臺東縣；宜蘭縣原設林務科，已改設樹藝景觀所）、「森林暨自然保育科」（新竹縣）、「林務保育科」（南投縣）、「林務暨野生動物保護科」（彰化縣）、「森林及保育科」（雲林縣）、「綠化保育科」（嘉義縣）、「林業及保育科」（屏東縣）、「保育與林政科」（花蓮縣）、「生態保育科」（澎湖縣），林務工作在縣政府可細分至「科（課）」層級主管，其名稱或以林務為主，或結合保育或綠化為名，名稱大同小異，綜觀11個縣之中，有2個採用「林務科」的名稱，其餘之名稱均有所不同。

市政府之林務主管單位，設置於產業發展處（基隆市、新竹市）或建設處（嘉義市）

下，其名稱在基隆市為「農林行政科」，而在其餘兩市則為「農林畜牧科」。

縣（市）政府之林務工作，根據《森林法》第二條規定，森林之主管機關「在直轄市為直轄市政府；在縣（市）為縣（市）政府。」因此，縣市政府負責轄區之公、私有林經營管理，其所辦理的林務工作項目繁多，諸如：森林登記業務；縣（市）

之苗圃經營管理；公私有林造林、育苗及推廣工作；配合中央政府辦理造林獎勵計畫（山坡地造林及平地造林）及造林貸款；環境綠美化；公私有林違反森林法之處理；保安林業務；珍貴樹木保護及病蟲害防治工作；漂流木處理及林產處分業務。

表 12-3 臺灣地區直轄市政府及縣（市）政府之林務主管單位			
縣市類別	政府名稱	林務所屬局（處）	林務主管單位
直轄市	臺北市政府	工務局大地工程處	森林遊憩科
	新北市政府	農業局	林務科
	桃園市政府	農業局	林務科
	臺中市政府	農業局	林務自然保育科
	臺南市政府	農業局	森林及自然保育科
	高雄市政府	農業局	植物防疫及生態保育科
縣級	宜蘭縣政府	農業處	樹藝景觀所
	新竹縣政府	農業處	森林暨自然保育科
	苗栗縣政府	農業處	林務科
	南投縣政府	農業處	林務保育科
	彰化縣政府	農業處	林務暨野生動物保護科
	雲林縣政府	農業處	森林及保育科
	嘉義縣政府	農業處	綠化保育科
	屏東縣政府	農業處	林業及保育科
	臺東縣政府	農業處	林務科
	花蓮縣政府	農業處	保育與林政科
	澎湖縣政府	農漁局	生態保育科
市級	基隆市政府	產業發展處	農林行政科
	新竹市政府	產業發展處	農林畜牧科
	嘉義市政府	建設處	農林畜牧科

資料來源：參考自各直轄市政府及縣（市）政府網站

12.3.1 美國

美國的森林面積為 3.1 億 ha，占全國土地面積的 33%。在全部的森林中主要以「用材林」為主 (2 億 1,100 萬 ha)，「保存林」占少數 (1 千萬 ha)，其餘未歸類者則屬「其他類森林」。森林蓄積量高達 34,336 百萬 m^3，西部的森林以花旗松為主要造林樹種，南部則以德達松為主要樹種，濕地松次之 (Oswalt and Smith, 2014)。美國在 1990 年代推行「森林生態系經營」，著重自然與人類和平共存的關係，同時也重視森林在環境、經濟、社會的多元效益 (Davis *et al.*, 2001)。林務署 (Forest Service) 負責美國國家森林和草原區域的經營管理工作，屬於農業部 (United States Department of Agriculture, USDA) 的一個重要部門。農業部的網站對於林務署任務定位為「林務署負責國家森林和草原的永續經營，包括其在健康 (health)、多樣性 (diversity) 和維持生產力 (productivity) 等層面，以符合當前的需要和未來世代的需求」(USDA, 2018)。林務署創立於 1905 年，目前林務署由中央到地方可區分為 4 個層級，分別為署本部 (Headquarters)、林區 (Region)、國家森林及草原 (National forests and grasslands)、林管區 (Ranger district)，茲就此 4 個層級分別說明之。

12.3.1.1 林務署本部

林務署本部設置 4 個重要的處，分別為國家森林處 (National Forest System)、森林研究處 (Forest Service Research)、州有及私有林業處 (State and Private Forestry) 及行政處 (Administration)。美國林務署的組織架構和臺灣林務局相類似，林務署長受聯邦政府聘任，推展林業政策，並督導所屬林務機構的正常運作；國家森林處管理各州 (包含波多黎各及維京群島) 的國有林地與草原，這些土地占美國全國土地面積的 8.5%，國家森林的經營在發揮森林之環境、經濟和社會等不同層面的效益；森林研究處，主要提供森林的科學知識和技術，藉由各林區試驗所及林產物實驗所的試驗結果，促進林業的發展，以維持國家森林經營的永續；州有及私有林業處，主要和州 (地方) 政府和私有林主進行林業的相關合作，包括森林管理與保護工作，此外也包括森林火災管理和都市林業的合作；行政處則負責林務署的行政工作 (USFS, 2018)。

12.3.1.2. 林區

由於美國幅員遼闊，依地理區域的特性劃分為 9 個林區，林區編號為 1-6、8-10，唯獨缺乏編號 7，其原因為過去編號 7 的林區目前已被編入其他林區中。林區的功能在於協調國家森林及草原之作業，指導森林經營計畫及分配森林的相關預算。此外，林區通常設有一個林業試驗所或實驗所，進行林業試驗工作 (USFS, 2018)。

12.3.1.3. **國家森林及草原**

在林區層級下設有 154 個國家森林（管理單位）及 20 個國有草原，每個國家森林管理單位設有主管，負責此區域的森林經營管理工作。其下轄有林管區，因此本層級的國家森林管理單位，也負責林管區相互協調和預算分配，並提供相關技術之服務 (USFS, 2018)。

12.3.1.4. **林管區**

林管區是林務工作最基層的單位，類似臺灣林務工作最基層的工作站，工作人員為第一線的林業工作者。美國有超過 600 個林管區，每個林管區的編制人員從 10 至 100 人不等，其管轄面積在 2 萬 ha 以上，甚至有超過 4 萬 ha 以上者，其規格相當於臺灣的「事業區」大小，而其工作包括野生動物棲息地之管理、露營地的管理及步道的維護工作等 (USFS, 2018)。

12.3.2 德國

德國的森林面積為 1,140 萬 ha，占全國土地面積之 32%，和美國的森林覆蓋率

相近。然而森林的覆蓋率在各州之間卻有很大差異，如 Schleswig-Holstein 州之森林覆蓋率僅 11％；但 Rhineland-Palatinate 和 Hesse 州之森林覆蓋率高達 42%。在森林樹種的組成中，以雲杉（26.0％）、松樹（22.9％）、山毛櫸（15.8％）及橡木（10.6％）為主要樹種，占德國樹種的 73%。德國森林的面積過去幾十年來呈現遞增的趨勢，近 50 年來增加了 100 萬 ha 以上，其森林蓄積量高達 37 億 m^3，平均蓄積 336 m^3/ha，平均生長量為 11.2 m^3/ha/year(BMEL, 2014)。

德國是歐洲林業最先進的國家之一，過去所倡導的人工林永續經營理念，也成為林業經營的典範，強調森林的蓄積和收穫伐採之間達到平衡，以追求收穫之永續，此種思維影響後世相當深遠（周楨，1968；顏添明，2006）。然而隨著時代的變遷，強調生物多性的概念，因此在 90 年代倡導「近自然林業」，此概念近似美國的「森林生態系經營」（顏添明，2006；BMELV, 2011）。1950 年代，德國林業政策根據永續經營理論制定木材生產與社會效益並重的林業政策，此意味著以木材為單一經營目標的經營方式，已慢慢有所轉變。1960 年代推行發展森林多功能效益政策，1975 年制定了森林法，為森林多功能效益的永續利用奠定法律上之基礎。1990 年代中期，德國政府放棄傳統人工純林經營方式，發展並實踐「近自然林業（Nature-approximate Forestry）」理論，以混合林取代純林，以擇伐取代皆伐，在森林永續經營的前提下，發揮林木生產、生態保育及森林遊憩等多元功能（BMELV, 2011; BMEL, 2014; 2018）。

德國的森林經營管理由中央到地方有一套完整的體系，大致可區分為 4 個層級，分別為中央層級（聯邦糧食及農業部第五司）、州級林務單位、林區級森林管理局、基層森林生產科。茲就此 4 個層級分別說明之。

12.3.2.1 中央層級之林業機構

德國在中央層級並無單獨成立的林業機構，中央層級森林管理隸屬於聯邦糧食及農業部 (Federal Ministry of Food and Agriculture, BMEL)，該部下設有六個司，分別掌管該部不同事務，林業屬於第五司的業務。第五司主要的業務為生物經濟、永續農業和林業 (BMEL, 2108)。而中央層級的林務工作包括林業法規的制定、政策的研擬、與各州林務的協調及國際合作業務等。

12.3.2.2 州級林務單位

德國之國有林大部分歸屬於各州所擁有，所以森林經營管理的權責主要在此層級。州級林務單位一般設置於各州之農林部門，主要在訂定各州林業政策，進行國有林之經營管理及私有林之輔導工作（周立江、先開炳，2005；中國林業網（德國林業），2018）。

12.3.2.3 林區級森林管理局

州以下區分林區並設置森林管理局，主要為落實林區之森林經營計畫，訂定林業經營管理方案，同時指導公、私有林之經營管理（周立江、先開炳，2005；中國林業網（德國林業），2018）。

12.3.2.4 基層森林管理科

林區之森林管理局下設置數個森林管理科，負責實施年度生產計畫。此層級下可再區分為森林管理小組（周立江、先開炳，2005；中國林業網（德國林業），2018）。

12.3.3 日本

日本的森林面積為 2,508 萬 ha，占全國土地面積之 67%，高於臺灣之森林覆蓋率（60.71%），其中國有林（包括林野廳及各省廳所管轄）767 萬 ha，蓄積量 1,152 百萬 m^3；民有林（包括公有林及私有林）1,741 萬 ha，蓄積量 4,901 百萬 m^3；國有林的單位面積蓄積量（150 m^3/ha）則低於民有林（282 m^3/ha）。日本之主要造林樹種有日本扁柏、柳杉和松類（日本林野廳，2018）。日本是亞州林業很發達的國家，近年來提倡里山倡議，強調不同地景共生的概念，對於振興山村經濟和生態環境有很大的幫助。

日本的森林經營管理由中央到地方，大致可區分為 3 個層級，分別為中央層級林野廳、森林管理局、森林管理署，茲就此 3 個層級分別說明之。

12.3.3.1 林野廳

林野廳為日本林業行政機構之中央單位，隸屬於農林水產省（農業部）。目前林野廳本部可分為林政、森林整備，國有林野等三個部。林政部負責林業政策的擬定與施行；森林整備部負責森林調查技術、治山對策、環境保全及育林技術；國有林野部負責國有林之經營管理（王槐榮，2005；林野廳，2018）。

12.3.3.2 森林管理局（原營林局改制）

日本在各地區設有森林管理局，層級猶如臺灣之林區管理處。全日本總共有 7 個森林管理局，其名稱分別為北海道、東北、關東、中部、近畿中國、四國、九州森林管理局（林野廳，2018）。森林管理局為林野廳在各地的分支機構，負責國、公、私有林的經營管理，並指導森林管理署（林野廳，2018）。

12.3.3.3 森林管理署（原營林署改制）

森林管理署為設置於森林管理局下的營林機構，全日本共有 98 個森林管理署，猶如臺灣之工作站，負責林業工作之第一線業務（林野廳，2018）。

12.4 練習題

① 請比較林務局於事業機構和公務機構時期在組織架構的差異。
② 中央政府和林業有關的業務除了林務局外，還有哪些單位？請說明這些單位的名稱及其和林業關聯的業務。
③ 請說明地方政府主要辦理的林業工作項目有哪些？
④ 請說明林務局由中央到地方的林業管理組織架構。
⑤ 請比較美國、德國和日本由中央到地方的林業管理組織架構的差異。

📖 延伸閱讀 / 參考書目

🌲 中國林業網（德國林業）(2018) http://germany.forestry.gov.cn/。

🌲 王槐榮 (2005) 日本林野廳本部組織簡介。臺灣林業 31(6): 95-97。

🌲 周立江、先開炳 (2005) 德國林業體系及森林經營技術與管理。四川林業技術 26(2): 38-40。

🌲 周楨 (1968) 森林經理學。國立編譯館。

🌲 宜蘭縣政府農業處林務科 (2018) https://agri.e-land.gov.tw/cp.aspx?n=B8AFB48DD2C3C988。

🌲 林務局 (2018) https://www.forest.gov.tw/。

🌲 花蓮縣政府農業處保育與林政科 (2018)
http://lam.hl.gov.tw/hadd/index.aspx?unit=department&p=8。

🌲 南投林區管理處 (2018) https://nantou.forest.gov.tw/。

🌲 南投縣政府農業處林務保育科 (2018) https://www.nantou.gov.tw/big5/departinfo2.asp?dptid=376480000au140000&catetype=01&cid=173。

🌲 姚鶴年 (1993) 中華民國臺灣森林志—第一篇林業史略。中華林學會，1-64 頁。

🌲 姚鶴年 (1994) 臺灣林業之發展。中華林學會印行。

🌲 姚鶴年 (2011) 臺灣林業歷史課題系列之（九）—臺灣百年林業之軌跡 (1895 ～ 2000)。 臺灣林業 37(1): 81-89。

🌲 屏東縣政府農業處林業及保育科 (2018) https://www.pthg.gov.tw/plancib/cp.aspx?n=9111BC7FA24364FF&s=BA137B0D07F0EC9B。

🌲 苗栗縣政府農業處林務科 (2018) https://www.miaoli.gov.tw/agriculture/normalIndex.php。

🌲 桃園市政府農業局林務科 (2018) http://agriculture.tycg.gov.tw/home.jsp?id=112&parentpath=0,110。

🌲 高雄市政府農業局生態保育科 (2018) https://www.kcg.gov.tw/Organ_Detail.aspx?n=D33B55D537402BAA&sms=9F779BBA07F163E2&s=CE963A3254FF9C22。

🌲 基隆市政府產業發展處農林行政科 (2018)
https://economy.klcg.gov.tw/tw/About/Organization。

🌲 焦國模 (2000) 中國林業史。國立編譯館主編。

🌲 焦國模 (2005) 林業政策與林業行政。台北：洪葉文化事業有限公司發行。

🌲 雲林縣政府農業處森林及保育科 (2018)
http://www4.yunlin.gov.tw/agriculture/home.jsp?mserno=200710140001&serno=200710140012&contlink=ap/master.jsp&menudata=AgricultureMenu。

🌲 新北市政府農業局林務科 (2018)
https://www.agriculture.ntpc.gov.tw/cht/index. php?code=list&ids=9。

🌲 新竹市政府產業發展處農林畜牧科 (2018)
http://dep-construction.hccg.gov.tw/ch/home.jsp?id=29&parentpath=0,4,15。

🌲 新竹縣政府農業處森林暨自然保育科 (2018)
https://agriculture.hsinchu.gov.tw/zh-tw/Introduction/Dutie。

🌲 嘉義市政府建設處農林畜牧科 (2018)
https://www.chiayi.gov.tw/web/build/work2.asp。

🌲 嘉義縣政府農業處綠化保育科 (2018)
https://agriculture.cyhg.gov.tw/News3.aspx?n=0BC8D553A54B4F83&sms=0406DE0D2DB445BA&_DID=4992843303CAAE05。

🌲 彰化縣政府農業處林務暨野生動物保護科 (2018)
https://agriculture.chcg.gov.tw/01intro/intro03.asp。

🌲 臺中市政府農業局林務自然保育科 (2018)
https://www.agriculture.taichung.gov.tw/12889/13447/13454/524891/。

🌲 臺北市政府工務局大地工程處森林遊憩科 (2018)
https://www.geo.gov.taipei/News_Content.aspx?n=C008CE98AEE46F5F&s=61DC40AA3667AC8E。

🌲 臺東縣政府農業處林務科 (2018)
http://www.taitung.gov.tw/cp.aspx?n=218D65026C0F1D37。

🌲 臺南市政府農業局森林及自然保育科 (2018)
http://web.tainan.gov.tw//agron/page.asp?id=%7BBC3BEC46-631F-4D3B-B9BD-42B8420F53A8%7D。

🌲 臺灣省林務局 (1987) 臺灣省林務局誌。臺灣省林務局印行。

🌲 澎湖縣政府農漁局生態保育課 (2018)
https://www.penghu.gov.tw/farm/home.jsp?id=109

🌲 顏添明 (2006) 森林經營學講義。國立中興大學森林學系森林經營暨林政學研究室。

🌲 日本林野廳 (2018)
http://www.rinya.maff.go.jp/j/keikaku/genkyou/h24/3.html。

🌲 BMEL (2018) https://www.bmel.de/EN/Forests-Fisheries/forests-fisheries_node.html.

🌲 Davis L. S., K. N. Johnson, P. S. Bettinger, and T. E. Howard (2001) Forest Management(4th ed.). McGraw-Hill. New York.

🌲 Federal Ministry of Food and Agriculture (BMEL) (2014) The Forests in Germany-Selected Results of the Third National Forest Inventory. Germany, 56pp.

🌲 Oswalt, S. N., and W. B. Smith (eds) (2014) Forest Resource Facts and Historical Trends. USDA FS-1036.

🌲 USDA (2018) https://www.usda.gov/.

🌲 US Forest Service (USFS) (2018) https://www.fs.fed.us/about-agency/organization.

🌲 Federal Ministry of Food, Agriculture and Consumer Protection (BMELV) (2011) German forests- Nature and economic factor. BMELV, Germany 33pp.

林業實務專業叢書

林業政策

國家圖書館出版品預行編目 (CIP) 資料

林業政策 = Forestry Policy / 王培蓉, 王鴻濬,
李桃生, 林俊成, 黃名媛, 黃裕星, 顏添明, 羅凱安
撰稿. -- 初版. -- 臺北市 : 行政院農業委員會林務局,
民 111.03
220 面 ; 19x26 公分. -- (林業實務專業叢書)
ISBN 978-986-5455-47-7(平裝)

1.CST: 林業政策

436   110012372

總 編 輯	黃裕星
主　　編	李久先、羅凱安
撰　　稿	王培蓉、王鴻濬、李桃生、林俊成、黃名媛、黃裕星、顏添明、 羅凱安
審　　稿	王鴻濬、李久先、林俊全、林俊成、林鴻忠、黃裕星、裴家騏、 顏添明、羅紹麟、羅凱安
編審單位	中華林學會 (本書各章節圖表由撰稿人引自參考書目或撰稿人授權提供)
出版機關	行政院農業委員會林務局 10050 台北市中正區杭州南路一段 2 號 Tel : 02-2351-5441
網　　址	https://www.forest.gov.tw
印刷設計	碼非創意企業有限公司
展 售 處	國家書店　10455 台北市松江路 209 號 1 樓 (02)2518-0207 五南文化廣場　40042 台中市中區中山路 6 號
出版日期	中華民國 111 年 3 月　初版
I S B N	978-986-5455-47-7
G P N	1011100249